● 天然橡胶采胶技术与装备研究丛书

天然橡胶便携式采胶工具研究与应用

曹建华 王玲玲 郑 勇 吴思浩 等 编著

中国农业出版社
北京

图书在版编目（CIP）数据

天然橡胶便携式采胶工具研究与应用／曹建华等编著 . —北京：中国农业出版社，2023.4
（天然橡胶采胶技术与装备研究丛书）
ISBN 978-7-109-30556-4

Ⅰ.①天… Ⅱ.①曹… Ⅲ.①橡胶树－割胶－工具－研究 Ⅳ.①S794.1

中国国家版本馆 CIP 数据核字（2023）第 054335 号

天然橡胶便携式采胶工具研究与应用
TIANRAN XIANGJIAO BIANXIESHI CAIJIAO GONGJU YANJIU YU YINGYONG

中国农业出版社出版
地址：北京市朝阳区麦子店街 18 号楼
邮编：100125
责任编辑：李 瑜 黄 宇
版式设计：杜 然 责任校对：吴丽婷
印刷：中农印务有限公司
版次：2023 年 4 月第 1 版
印次：2023 年 4 月北京第 1 次印刷
发行：新华书店北京发行所
开本：880mm×1230mm 1/32
印张：8
字数：245 千字
定价：65.00 元

本书的编写和出版得到以下项目和单位的资助：

国家重点研发计划项目"天然橡胶收获技术与装备研发"（2016YFD0701505）

中国热带农业科学院"揭榜挂帅"项目"天然橡胶智能化采收关键技术创新研发"（1630022022005）

国家天然橡胶产业技术体系生产机械化岗位科学家项目（CARS-33-JX1）

中国热带农业科学院橡胶研究所

国家重要热带作物工程技术研究中心机械分中心

编著人员名单

主　　编　曹建华　王玲玲　郑　勇

　　　　　吴思浩

副　主　编　肖苏伟　黄　敞　陈娃容

　　　　　范　博　邓祥丰

其他编著者　张以山　李希娟　黎土煜

　　　　　粟　鑫　刘国栋　贾　倩

　　　　　邓怡国　金千里

前　言

　　天然橡胶是关乎国计民生和国防安全的战略物资和工业原料。因其弹性大、拉伸强度高、抗撕裂性和电绝缘性优良、耐磨性和耐旱性良好，易于与其他材料黏合等特性，成为7万多种工业制品生产的理想原料，在国防装备、轨道交通、医疗卫生等领域具有不可替代的作用。

　　世界上约有2 000种不同的植物可生产类似天然橡胶的聚合物，人类已从其中500种中得到了不同种类的天然橡胶，但真正有实用价值的是巴西三叶橡胶树［*Hevea brasiliensis*（Willd. ex A. Juss.）Muell. Arg.］，它属于大戟科（Euphorbiaceae）橡胶树属（*Hevea* Aubl.）植物，主要分布在亚洲、非洲、大洋洲、拉丁美洲的40多个国家和地区。世界上所需的天然橡胶总量中98%以上来源于巴西橡胶树。1839年，美国化学家查尔斯·古德伊尔（Charles Goodyear）发现了橡胶的硫化作用，1876年，第一批橡胶树开始收获。1876年，英国人威克姆（Wickham）把橡胶树引入东南亚栽培，20世纪20年代，橡胶树种植规模开始扩大，主要种植区域在南纬10°至北纬15°间的热带地区，目前世界植胶面积约1 580万 hm^2。20世纪50年代，党中央作出了"一定要建立自己的橡胶基地"的重大决策，我国成为世界上首个突破北纬15°"植胶禁区"、在北纬18°—24°范围内大面积植胶成功的国家，种植面积达115万 hm^2，主要分布在海南、广东、云南。天然橡胶成为热带边疆地区农业支柱产业，约占热区胶农家庭收入来源的

50%。大面积植胶 60 多年来，天然橡胶在国防和国家经济建设，以及热带边疆地区发展、乡村振兴、地方经济繁荣稳定中发挥了重要作用。

巴西橡胶树的乳管是合成和储存天然橡胶的场所，在天然橡胶生产中，通过切割树干树皮，切断树皮中的乳管，收集从乳管中流出的胶乳。除品种与栽培环境因素外，割胶技术与割胶工具也至关重要，直接关系着当年的产量和长期经济效益。天然橡胶的收获极具特殊性，橡胶树为多年生、长周期作物，单株收获，橡胶树个体差异大、树干不规则、树皮厚度不均匀，割胶深度和耗皮量需毫米级精准控制，堪比橡胶树的"外科手术"，割伤树导致减产甚至一生无产量。世界大面积植胶 100 余年来，虽然随着割胶技术与割胶制度的不断改进，割胶工具也随着时代的变迁而发生改变，但仍主要依赖人力割胶，割胶技术要求高、劳动强度大、生产效率低、人工成本高，在世界劳动力日益紧张、用工成本急剧增加的情况下，人力割胶模式严重制约了产业的发展，也成为胶工队伍断代、产业用工荒问题凸显的重要因素，革新割胶工具成为产业必须要解决的重大科技问题。然而，机械化割胶一直是世界性难题，国内外研发了 40 余年。直至 2017 年，半机械化的便携式电动割胶刀才开始在生产上规模化应用，实现了轻简化、高效率、"傻瓜式"割胶作业，填补了该领域的空白，是世界割胶工具的重要变革，对于拓展胶工来源、缓解产业用工荒、增加弃割胶园复割数量、促进产业可持续发展具有重要意义。

本书从天然橡胶的战略地位、割胶技术与割胶制度、人工采胶工具的研究与发展、便携式电动采胶工具的研究与发展，以及电动割胶刀的推广应用等 5 个方面，系统论述了割胶农艺需求、国内外割胶工具的技术发展现状及应用情况，以期为今后割胶机械自动化、智能化研究与应用提供有益的参考。

我们的研究工作从 2015 年开始，先后获得国家重点研发计划项目、农业农村部技术示范类项目、国家天然橡胶产业体系、农业农村部科研院所基本业务费等项目的支持，在中国热带农业科学院橡胶研究所几十年积累的成果基础上，对割胶技术体系进行了深入研究，提出便携式电动割胶工具的研发思路与技术路线，攻克了电动割胶机割胶毫米级精准控制、复杂树干科学仿形以及高精度加工制造工艺等关键技术难题，与企业合作建立了中国第一条电动胶刀生产线并实现量产，为推动该领域学科、行业技术进步和助力产业发展发挥了积极的作用。本书的出版得到中国热带农业科学院"揭榜挂帅"项目经费资助，在此一并表示诚挚的谢意。由于笔者水平有限，书中难免存在不足之处，敬请读者和同行专家提出宝贵意见。

编著者

2022 年 8 月 16 日

目 录

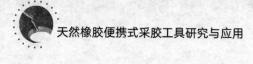

第一章　天然橡胶的战略地位

　　天然橡胶是关乎国计民生和国防安全的战略物资和工业原料。世界上约有2 000种不同的植物可生产类似天然橡胶的聚合物，人类已从其中500种植物中得到了不同种类的橡胶，但真正发挥较大实用价值的是巴西三叶橡胶树。世界上所需的天然橡胶超过98％来源于巴西橡胶树。橡胶树的乳管是合成和储存天然橡胶的场所，在天然橡胶生产中，通过切割树干树皮和切断树皮中的乳管来收集从乳管中流出的胶乳，并提炼天然橡胶（原料），经过加酸凝固、洗涤，然后压片、干燥、打包，即制得市售的天然橡胶。根据不同的制胶方法可制得烟片、风干胶片、绉片、技术分级干胶和浓缩胶乳等，满足下游制品对不同原料的需求，从而构成天然橡胶生产、加工全产业链体系。

第一节　天然橡胶发展现状

一、天然橡胶的起源

　　橡胶树一词，来源于印第安语"cau-uchu"，意为"流泪的树"，只要小心切开树皮，乳白色的胶汁就会缓缓流出（图1-1）。巴西橡胶（学名：*Hevea brasiliensis*），被子植物门、双子叶植物纲、大戟科、三叶橡胶树属植物，原产于亚马孙森林，为落叶乔木。

　　在橡胶的史前时期，除南美的印

图1-1　天然胶乳

第安人外，很少人知道橡胶的利用价值和方式，所以其被当作财富或极其珍贵的物品。公元前 500 年左右，墨西哥特瓦坎一带因生产橡胶而形成了一个橡胶之国——奥尔麦克王国。在一幅 6 世纪的壁画上，画有阿兹特克人向部落首领进贡生胶的情景，这反映出橡胶当时被用于一些重要的仪式上。1873 年，橡胶树被移植到英国邱园，开始了三叶橡胶树的栽培史。

二、天然橡胶的生长环境

橡胶树喜高温、高湿、静风和肥沃土壤。在 20～30℃ 范围内都能正常生长和产胶，年平均温度以 26～27℃ 适宜，不耐寒，在温度低于 15℃ 时受寒害、温度 5℃ 以下即受冻害；适宜的年平均降水量为 1 150～2 500mm，但不宜在低湿的地方栽植；适宜在土层深厚、肥沃而湿润、排水良好的酸性沙壤土生长。橡胶树的寿命可达 100 年以上，经济周期（即割胶时间）长达 30 年。

三、天然橡胶的分布区域

橡胶树原产于巴西亚马孙流域马拉岳西部地区，主产地是巴西，其次是秘鲁、哥伦比亚、厄瓜多尔、圭亚那、委内瑞拉和玻利维亚。现今橡胶树的种植已布及亚洲、非洲、大洋洲、拉丁美洲的 40 多个国家和地区，主要分布于南纬 10°至北纬 15°之间。种植面积较大的国家有印度尼西亚、泰国、马来西亚、中国、印度、越南、尼日利亚、巴西、斯里兰卡、利比里亚等，尤以东南亚各国栽培面积最广、产胶最多，马来西亚、印度尼西亚、泰国、中国、越南、斯里兰卡和印度等国的植胶面积和产胶量占世界的 90% 以上。中国植胶区主要分布于海南、广东、云南。

四、橡胶树的栽培现状

生产上天然橡胶来源于栽培品种。世界橡胶树选育种过程经历了从实生树选种到人工杂交育种两个阶段，实生树选种代表性品种有 PR107、GT1、Tjir1 等，干胶产量水平达到 1 050～1 200kg/hm²，人工杂交育种代表性品种有马来西亚的 RRIM 系列、印度尼西亚 PR 系列、印度 RRII 系列，干胶产量水平达 2 500~3 000kg/hm²。马来西亚从 20世纪 50 年代开始陆续推出 RRIM600 组 39 个无性系，其中的 RRIM600在世界植胶区广泛种植；此后，陆续推出了 RRIM700 组到 RRIM3000组无性系，使橡胶年公顷产量从未经选择实生树的 500kg 提高到3 000kg，橡胶和木材单产翻了 4~5 倍；近年又推出了 GG6、GG7、GG8 等有性系。印度尼西亚以高产、速生等为育种目标，选育了 PR、AVROS、IRR100、IRR200 组系列品种，代表性品种有 IRR104、IRR208 等。泰国以高产、速生等为育种目标，先后育成了 RRIT100、RRIT200、RRIT400 组系列品种，其代表性品种有 RRIT251、RRIT408等。印度以高产、速生、抗逆等为选育目标，选育了 RRII100 到RRII400 组系列品种，代表品种有 RRII105、RRII414、RRII430 等。

2021 年，世界天然橡胶种植面积 1 533.33 万 hm²（亚洲约1 333.33 万 hm²），开割面积约 1 000 万 hm²，产量 1 384.2 万 t（亚洲产量约占 90%），产值约 2 300 亿（不含下游深加工产值）（表 1-1）。世界主要产胶国为泰国、印度尼西亚、越南、中国、马来西亚、印度等。非洲是世界第二大天然橡胶产区，产量约占世界的 5%，主要产胶国有科特迪瓦、利比里亚、刚果（金）、喀麦隆、尼日利亚等。拉丁美洲作为世界天然橡胶的原产地，产量仅占世界总量的 2%，主产国为巴西、危地马拉、墨西哥等国家（图 1-2、图 1-3）。

表 1-1　2021 年全球及主要国家的橡胶种植面积和产量

国家	种植面积 （万 hm²）	产量 （万 t）
泰国	348.71	467.3
印度尼西亚	368.10	312.2
马来西亚	111.27	52.0
越南	94.61	120.3
中国	115.70	85.1
印度	82.23	79.3
缅甸	78.83	33.5
科特迪瓦	70.85	96.5
柬埔寨	40.56	30.4
其他合计	222.47	107.6
全球合计	1 533.33	1 384.2

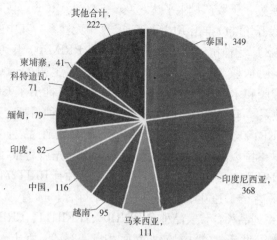

图 1-2　2021 年全球橡胶种植面积分布（万 hm²）（数据来源：刘锐金）

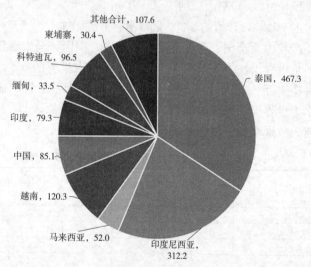

图 1-3　2021 年全球天然橡胶产量分布（万 t）

2021 年，中国橡胶种植面积为 115.7 万 hm²，天然橡胶产量约85.1 万 t，其中：海南 52.8 万 hm²、产量 35 万 t，在全国占比分别为 45.6%、41.1%；云南 56.7 万 hm²、产量 48.3 万 t，在全国占比分别为 49.0%、56.8%；广东 4.5 万 hm²、产量 1.8 万 t，在全国占比分别为 3.9%、2.1%。

第二节　天然橡胶的特殊性和战略地位

一、天然橡胶的用途

天然橡胶与钢铁、石油、煤炭合称为四大重要工业原料，是四大工业原料中唯一可再生的资源，具有产量高、质量好、经济寿命长的优点，橡胶树较其他产胶植物也更易采胶、胶乳再生快，是世界上唯一大规模种植的产胶树种。其树皮乳管所产胶乳是异戊二烯的高分子聚合物，含少量蛋白质、水分、树脂酸、糖类和无机盐等。经加工后的天然橡胶，具有良好的弹性、绝缘性、强伸性，较好的防水性、气密性和耐磨性，易于与其他材料黏合，广泛用于军工、航天、医疗、汽车制造等领域，是重要的战略物资，其后端制品多达 7 万多种。

（一）天然橡胶在汽车工业中的应用

轮胎是天然橡胶最重要的用途，天然橡胶的生产可以加速汽车工业发展。我国每年消费的 600 万 t 天然橡胶中，约 75％用于轮胎生产。每辆汽车有数百个橡胶件，占整车自重的 3％～6％，其中轮胎约占橡胶件总重的 70％。轿车轮胎中，天然橡胶与合成橡胶具有一定的相互替代性，制造商根据两种橡胶的相对价格调整配方，但为了保证轮胎的舒适度，都会保证较大比例的天然橡胶用量。载重轮胎、工程轮胎由于承重更大，对弹性和抗撕裂性能要求更高，因此在制作中使用天然橡胶的占比都会非常高。但在极端低温条件下，巴西三叶橡胶树所生产的轮胎容易玻璃化，科学家们尝试用橡胶草、银胶菊等其他产胶植物中提取的胶乳来解决这一难题。

（二）天然橡胶在航空工业中的应用

航空轮胎是飞机起飞、降落和滑行过程中唯一接触地面的部件，是制造领域的尖端产品，素有轮胎界"皇冠上的明珠"的美誉。飞机轮胎的负荷能力比工程轮胎大数十倍，充气压力是载重车轮胎的 10 倍，下沉量变形是汽车轮胎的 2 倍，还需要应对高空极端温度和气压的挑战。航空轮胎作为维系飞行安全的 A 类零部件，天然橡胶是其制造过程中所使用的要求最高、用量最大的原材料，无法被合成橡胶替代。

（三）天然橡胶在建筑行业中的应用

高阻尼橡胶材料的黏性大，自身可以吸收能量，具有较大的延性，能在地震时延长结构自振周期、减小地震作用力，利用其耗能特性发挥减震隔震作用。早在 20 世纪 80 年代，日本就通过人工试验和地震考验，发现积层橡胶可以有效防止地震波传向建筑，具有良好的减震效果（周振清等，1987）。为了更好地吸收地震能量，叠层橡胶隔震支座的设计使用率最高（王英卓等，2020）。我国部分地震高烈度区开展了建筑工程减震隔震技术工程应用工作，部分工程经受了汶川、芦山等地的地震实际考验，实践证明该项技术能有效减轻地震作用，提升房屋建筑工程抗震设防能力。房屋建筑工程推广应用减震隔震技术的研发与运用，建筑橡胶隔震产业有望可以成为轮胎之后的大产业。减震橡胶制品在汽车、机械产业等工业部门用于防止振动和噪音，在交通轨道、铁路车辆中用于提高安全性和舒适性（刘锐金等，2021）。

（四）天然橡胶的日常生活中的应用

天然橡胶除了具有各种特性外，还是绿色的森林产品。从橡胶树中获取天然橡胶原料后，经过初加工而成的浓缩胶是乳胶手套等乳胶制品的基础原料。除了各类手套、靴鞋等日用橡胶制品，近几年利用乳胶发泡技术可制成各类生活用品，如乳胶枕头、床垫等寝具，乳胶发泡技术在未来还有很大的发展空间。人体体形特征和床垫硬度是影响床垫使用舒适性的重要因素，乳胶寝具使用天然胶乳制造而成，具有较好的弹性，可以满足不同人群的需求，适用于不同的睡姿。早在2010 年派赛菲特公司就在纽约家居时尚展上推出乳胶枕头，近些年乳胶寝具在国内消费者中备受欢迎（刘锐金等，2021）。

二、天然橡胶是重要的战略资源

在军用装备以及航空航天装备、海洋工程装备及高技术船舶、轨道交通装备、农业机械装备等关键国民经济领域，天然橡胶具有不可替代性，且种植区域集中，在全球资源竞争中地位日益突出。《关于促进我国天然橡胶产业发展的意见》（国办发〔2007〕10 号）进一步明确了"天然橡胶是重要的战略物资和工业原料"的定位，2015 年 1 月 23 日，中央政治局召开会议，审议通过《国家安全战略纲要》，随后不久，将天然橡胶列为国家战略资源之一。美国和欧盟也都非常重视天然橡胶，2017 年欧盟综合评价经济重要性和供给风险后，将天然橡胶列入 27 种关键原材料清单；美国国会给予天然橡胶很高的评价，认为其对美国经济、国防和人民福祉均有重要意义，专门通过关键农业原料法案，对天然橡胶供给安全作出部署。欧美地区无法种植橡胶树，但大力开发巴西橡胶树以外的天然橡胶来源。全球有 60 多个国家规模种植巴西橡胶树，亚洲 16 个，非洲 27 个，中南美洲 21 个，但世界上的天然橡胶产能主要集中在泰国、印度尼西亚、越南、马来西亚、印度、中国和科特迪瓦（刘锐金等，2021）。

　　依靠科技工作者和劳动人民的勤劳智慧，天然橡胶产业在我国茁壮发展。1949 年后，我国为了突破国外的封锁，党政军民共同努力，从零开始发展我们自己的天然橡胶事业，逐步建立起了独立自主、具有中国特色的天然橡胶产业技术体系。橡胶树从原产地的南纬 4°至南纬 5°移到北纬 18°至北纬 24°种植，以何康、黄宗道为代表的天然橡胶科技工作者经过不断地生产实践和科学研究，通过选择宜植胶地、选育抗性高产品种、研发抗风抗寒栽培技术和适应北移种植的采胶技术，基本上解决了各种技术难题，创造了历史奇迹。经过近 70 年的努力，我国已发展成为世界第三大植胶国和第四大产胶国。1950—2022 年，我国累计生产天然橡胶 22 553 万 t，累计产值 2 860 亿元，为国家战略资源安全供给和国民经济发展作出重大贡献。新形势下，天然橡胶在国防安全、尖端技术等重要领域的关键作用并没有改变，仍是具有重要地位的战略性产业。

本章小结

　　天然橡胶林是人类利用大自然馈赠、进行大面积人工栽培最为成功的生态林，不仅为国民经济发展提供了数以亿吨计的宝贵工业原料、促进社会经济进步，还保障了森林覆盖率、涵养水土、维护生态环境平衡。据测算，生长旺盛的橡胶林年净碳固定为 $10t/hm^2$，平均总碳库 $177t/hm^2$，每年每公顷的固碳经济效益可达 9 500 元（吴志祥，2020）。当前，地缘政治日趋复杂，全球天然橡胶尤其是高端产品竞争越发激烈，我国天然橡胶安全供给的外部风险加大，国内天然橡胶产业"压舱石"作用更加凸显，其战略资源地位属性仍未改变，对于国防战略安全和国民经济发展具有不可替代的重要作用。

第二章 天然橡胶割胶技术与割胶制度

巴西橡胶树的树皮是由形成层向外分化形成的，具有韧皮射线、韧皮薄壁细胞、筛管、伴胞、韧皮纤维等基本组织。橡胶树作为最主要的产胶植物，其树皮具有一种特化的产胶组织——乳管。生产上割胶时通常用割胶工具，切开树皮、割断乳管，并收集从乳管切断口流出的胶乳。因此，天然橡胶割胶技术与割胶制度是天然橡胶栽培中的重要环节，直接关系着胶乳产量和长期经济收益。

第一节 天然橡胶采胶生理特性

一、橡胶树皮结构与采胶的关系

橡胶树的树皮为重要的采胶部位，树干树皮中的乳管数量与天然橡胶产量显著正相关（Gomez，1982）。此外，乳管细胞合成橡胶的效率和排胶持续时间也与天然橡胶产量有直接关系（郝秉中，吴继林，2004）。树皮结构是品系的遗传特性，同时也受采胶的影响。

橡胶树皮结构（图 2-1）由外向内分为 5 层：一是粗皮，主要是木栓层；二是砂皮，又可分为内外两层，外层石细胞多，乳管几乎丧失产胶功能，内层石细胞较少，具有产胶乳管；三是黄皮，含大量乳管，产胶功能很强，为主要产胶部位，其筛管已被堵塞或挤毁，无输导功能；四是水囊皮，由具有输导功能的筛管和少数幼嫩乳管列（割胶时只割到水囊皮外）组成；五是形成层，具有分生能力，可让割胶后的树皮恢复，形成再生皮（田维敏等，2015）。

橡胶树采胶生理具有特殊性。天然橡胶收获物胶乳存在于接近木质部的树皮乳管，树皮厚度 7~15mm，产胶区域仅在接近木质部的

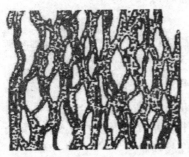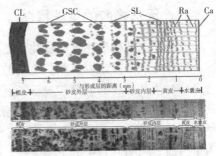

图 2-1　橡胶树乳管和树皮结构

3～4mm 范围内，割浅了无胶、割深了伤树；同时胶乳呈液态易黏连污染，每株橡胶树的树皮厚薄不一、树干生长不规则，无标准面参照，作业工况复杂多变。胶树多年生、单株收获，每次割胶深度（从木质部向外距离）要严格控制，割完胶后一般保留 1.8～2.0mm 厚度的树皮，以便保护形成层、让树皮恢复生长，用于后续持续割胶。根据割胶频率（3～5 天/次），每次割胶的树皮消耗量应控制在 1.1～1.8mm，割厚了会减少经济周期，且原生皮较再生皮产量更高，故需节约用皮量。因此，割胶是一个高技术、高精度、高强度工种。

二、橡胶乳管结构与生理发育

橡胶树树皮中的乳管是天然橡胶合成和贮存的组织，根据乳管来源和组织位置，可分为初生乳管和次生乳管，二者都是有节乳管（Gomez，1976，1982）。

绿色茎中初生韧皮部的乳管是初生乳管，初生乳管的排列不规则。随着树皮的生长，初生乳管逐渐被破坏而消失，因此在成龄树干中没有初生乳管，其与采胶也没有直接关系。成龄胶树树皮中的乳管集中在次生韧皮部，通常称为次生乳管。次生乳管形成乳管层，同一层的乳管之间会形成网状连接，但不同乳管层之间互不连接。树干树皮中的次生乳管列数与天然橡胶产量显著正相关（Gomez，1982）。因此，生产上割胶要获得产量，必须要切断树皮内的次生乳管，且单位面积内切割的次生乳管数越多，产量越高（田维敏等，2015）。

三、天然橡胶的生理特性

胶乳是天然橡胶主要收获物，正确认识胶乳的生理特性对割胶技术、割胶方式的改进以及割胶工具的研发具有重要意义。

（1）天然橡胶的成分构成。胶乳为液态，其中水占 50%～60%；其次以顺-1,4-聚异戊二烯为主要成分的天然高分子化合物（NR）含量最高，其成分中 91%～94% 是橡胶烃（顺-1,4-聚异戊二烯），其余为蛋白质、脂肪酸、灰分、糖类等非橡胶物质。

（2）天然橡胶的物理特性。天然橡胶在常温下具有较高的弹性，稍带塑性，具有非常好的机械强度，滞后损失小，在多次变形时生热低，因此其耐屈挠性能良好，由于是非极性橡胶，因此电绝缘性能良好。

（3）天然橡胶的化学特性。天然橡胶分子具有不饱和双键，是一种化学反应能力较强的物质，光、热、臭氧、辐射、屈挠变形，以及铜、锰等金属都能促进橡胶的老化，不耐老化是天然橡胶的致命弱点。但是，添加了防老化剂的天然橡胶，在阳光下曝晒两个月依然保持良好弹性，在仓库内贮存 3 年后仍可以照常使用。

（4）天然橡胶的耐介质特性。天然橡胶有较好的耐碱性能，但不耐浓强酸。天然橡胶是非极性橡胶，只能耐一些极性溶剂，而在非极性溶剂中则会发生溶胀，其耐油性和耐溶剂性很差。一般说来，烃、卤代烃、二硫化碳、醚、高级酮和高级脂肪酸对天然橡胶均有溶解作用，但其溶解度受橡胶塑炼程度的影响，而低级酮、低级酯及醇类对天然橡胶而言则是非溶剂。

第二节　天然橡胶采胶技术发展与演变

随着人们对天然橡胶的重视，越来越多的研究者开始研究高效、高产割胶技术，经过大半个世纪的发展，逐步形成了刺激剂配合下的阳刀、阴刀连续割胶法和针刺采胶法，时间间隔周期也演变为 1d、2d、3d、4d、5d、6d、7d，割线长度包括 s/2、s/3、s/4 及（气刺）微割（割线长为 8cm），割胶方式主要分为推式割胶和拉式割胶两种。割胶是橡胶生产的中心环节和关键技术，劳动投入占整个橡胶生产劳动的 70% 以上。割胶技术和割胶制度直接关系着胶树的经济寿命和整个生产周期的产量水平及经济收益。

一、割胶技术发展阶段

狭义上来看，割胶技术一般指割胶的操作技术；广义上来看，割胶生产是天然橡胶获取经济效益的直接手段。橡胶树种植 7、8 年后才能投产，一般管理条件下，其经济寿命（割胶期）有 25～30 年。在橡胶树的栽培生产过程中，割胶是最为重要的环节之一，直接关系着经济收益。世界割胶技术的历史进程大致可以分为如下 3 个阶段（施晓佳等，2018）。

第一阶段为斧砍阶段。最早时期在橡胶原产地，当地人都用斧头砍树取胶，这种方法既伤树又不能持久产胶。第二阶段为传统割胶阶段。1887—1980 年，近百年时间，人们普遍采用不伤及树皮形成层的连续割胶法，即翌年继续在头年的割口上割皮取胶，保持了橡胶树几十年持续产胶的能力。第三阶段为刺激割胶阶段。1967 年，马来西亚首先发现乙烯利刺激可大幅提高橡胶树产量（魏小弟等，2009），由此诞生刺激割胶制度，并对天然橡胶产业产生了重大影响。到 20 世纪 70 年代，刺激割胶技术逐步得到全面推广应用。2006 年，我国发布实施了《橡胶树割胶技术规程》，对割胶原则、割胶前准备、开割标准与割面规划、刺激割胶制度与割胶刀数、非刺激割胶制度、割胶生产经济技术指标等都做了明确的规定，成为乙烯刺激割胶在我国成熟、规范、大面积推广应用的标志。

二、早期割胶技术

最初，人们发现了天然橡胶的乳汁，却不知道如何采收，只好用斧头或刀砍树皮，结果导致橡胶树伤痕累累，不能持续产胶。直到1897 年，新加坡植物园主任芮德勒（H. N. Ridley）发明了不伤及橡胶树形成层组织的、在原割口上重复切割的连续割胶法，纠正了在橡胶树原产地人们用斧头砍树取胶，因而伤树、不能持久产胶的旧方法，使橡胶树能几十年被人们连续割胶，这就是著名的"芮德勒连续割胶法"，从此揭开了天然橡胶栽培的新纪元。经过 100 多年的发展，采胶技术发生了巨大变化。

三、传统割胶技术

胶树的排胶是人为采胶或自然灾害引起的（如：寒害爆皮流胶，风害、机械损伤破皮流胶等）。在正常情况下，人为采胶、排胶影响面是有一定局限性的，阳刀割胶，排胶影响面主要在割线下方及两侧，阴刀割胶，排胶影响面主要在割线上方及两侧，影响的长度一般为 1.25～1.75m，影响割线两侧的宽度均等于长度的 1/9。

传统割胶方法，在距地面 110～130cm 高、采用半树圆周用阳刀每 2～3d 割一刀，此方法是对印第安人的原始采胶方法经过不断地演变、改进，而沿袭至今的。当树围≥50cm 的橡胶树占胶林总数的一半及以上时，该胶园便达到开割标准。此时，橡胶树树皮厚度约 7mm，胶树的光合作用可基本满足产胶和胶树生长对营养物质的需要，使二者保持合理的平衡，达到长期有效割胶的目的。此方法是对橡胶树生长及生理进行深入研究后，对芮德勒连续割胶法的进一步完善、提升。

使用割胶刀具由上侧向下呈 25°～30°角划出的割线称为阳线，通常割 1/2 树周、2～3d 割 1 次，常表示为"↓s/2，d/2～3"。由下侧向上呈 40°～45°角划出的割线称为阴线，阴线角度大于阳线是为了防止胶乳沿着割面垂直向下流而影响产量(杨文凤等,2013；汝绍锋等,2018)，并使胶乳能够沿着割线方向流动便于收集，通常割 1/2 树周、2～3d 割 1 次，常表示为"↑s/2，d/2～3"。为合理规划割面，开割线由经验丰富的专业割胶工人按照采胶技术标准规范割胶。单刀次耗皮量为 0.17～0.21cm，深度为 0.2～0.3cm（指保留在胶树木质部外的水囊皮厚度），要求割面平滑，割下的树皮厚度均匀一致，这样可使胶树原生皮持续割 15～20 年。为了保证产量，要求切割下的树皮尽量呈四方皮。

此外，印度橡胶研究所于 1995 年发明了一种"IUT"的割胶技术——低面阴刀割制，采用阳刀割阴线的方式，从胶树的底部开始沿割面斜割到 2.5～3m 及以上的高度。据报道，此法能有效降低死皮 2/3、增加橡胶产量 45%。

传统割胶方法仍然是目前使用最多的割胶方式，但是采用此方法存在技术要求高、劳动强度大、割胶效率低、人工成本高等缺点。此种低产低效传统割胶制度，在一定程度上制约了天然橡胶产业的发展。

四、现代刺激采胶技术

1967 年，马来西亚首先发现了乙烯利刺激可大幅度提高橡胶树产量，由此诞生了刺激割胶制度，并对天然橡胶产业产生了重大影响。橡胶树受到伤害以后会引发愈伤反应并产生内源乙烯，乙烯有调动营养储备进行医治创伤、促进产胶和排胶的作用。乙烯利释放出来的外源乙烯能诱导橡胶树产生更强烈的类似愈伤反应，大量地动员营养储备，由于橡胶树实际上并未受到大的伤害，因此动员出来的营养物质主要用于产胶和排胶，从而能获得较大的增产。乙烯利的主要作用是：①大幅度动员储备；②加强胶树对水分和养分的吸收量，并运输到乳管系统；③扩大排胶面，阻碍凝固机制，强化乳管的排胶，并使胶乳的再生机能亢进，产生短期大幅度增产的效果。大量的试验证明：在橡胶树上正确施用乙烯利（液体）和乙烯气体，是提高橡胶产量的有效措施，由此逐步形成了乙烯刺激下的现代割胶制度，并根据胶树年龄、季节、品系、阴阳刀、割胶频率等建立了乙烯刺激割胶技术体系，在全世界大面积推广应用，取得良好成效。

（一）气刺短（微）割技术

1995 年，马来西亚再次提出了乙烯气刺低频割胶技术，改乙烯利刺激为乙烯气体刺激，割线由原来的 s/2 改为 s/8 和 s/4，甚至更短（8cm），采胶频率由原来的 d/3 改为 d/4、d/5，甚至 d/6、d/7。近年来，科技工作者针对不同的品种、割龄以及种植环境，开展了一系列探索与应用研究，使该技术逐步成熟并在生产上应用（杨文凤，2013；仇健，2014）。气刺短（微）割新技术和制度降低了胶工的劳动强度，扩大了胶工单位采胶面积，缓解了胶工短缺的问题，提高了胶工劳动收入，稳定了胶工队伍，是一种更加高效的采胶技术体系。

（二）针刺采胶技术

针刺采胶首创于 Wright H.（1906 年），是一种微型的内切采胶技术，指在刺激剂（电石、乙烯利、乙烯气体）的作用下，在胶树的局部范围内通过人为诱导产生强烈的愈伤反应，扩大排胶影响面，用细针刺伤后可延缓伤口的凝固，增加排胶时间，从而获得较理想的产量（许闻献，1978）。但因当时缺乏高效的化学刺激剂，用该技术得到的产量不如传统刀割，故未能推广于生产，而仅作为一种特殊的研究手段应用（I. Lustinec et al.，1965）。直至 20 世纪 70 年代，随着各植胶国家广泛施用乙烯利，科特迪瓦首先恢复针刺采胶的研究，经短期试验表明，针刺采胶比胶刀割胶具有多方面的优越性，从而在采胶史上再次提出微型采胶的可能性（J. Tupy，1973）。由此开始，针刺采胶逐渐得到各植胶国家的重视，先后在科特迪瓦（1973 年）、中国（1973 年）、马来西亚（1974 年）、印度（1975 年）、斯里兰卡（1977 年）、印度尼西亚（1977 年）、泰国（1977 年）和巴西（1978年）等主要植胶国家进行了采胶深度、针孔大小、针孔数量、针刺采胶生理、针刺方法、针刺采胶制度、针刺采胶工具、针刺产量以及配套的刺激剂种类及浓度等系列研究，并在生产上开展了一定规模的试验试用和广泛研究，旨在通过针刺采胶，使幼龄胶树提前投产，缩短非生产年限（许闻献等，1982）。

总体来看，针刺采胶具有较好的研究基础，在理论和实践上是可行的，且针刺采胶速度较传统割刀快、能获得较理想的产量、采胶机械较简单、成本更低廉。但是便携式针刺采胶工具由于存在以下问题，而限制了针刺采胶技术的进一步发展。一是仍需依赖人工操作，对解放劳动力的贡献不大；二是针刺深度不易控制，导致伤树而形成"木钉"，影响现生皮及乳管的再生，进而影响后续产胶；三是针刺伤树后，易引起树皮干涸，从而影响胶树生长与再生皮割胶；四是机械结构设计、针刺方式不合理，导致机械故障、老胶线缠针等问题，刺针弯针现象较多，刺针材料、强度需要提升，机械能耗高、电池续航时间不长；五是限于当时刺激多采用电石，使用量无法精准控制，导致烂根及伤树的发生情况加剧，需要解决配套的刺激剂及施用方法等问题。

近年来，还出现了钻孔采胶技术，即用电动工具在树皮上打出直径 4~5mm 的圆孔，配合乙烯气刺，也获得了较好的产量，但该技术对胶树的生理及可持续采胶的影响尚不清楚。

五、中国割胶技术的变革

我国 1904 年引种第一批橡胶树，1952 年因国防战略需要开始大力发展橡胶事业。从植胶初期至 20 世纪 70 年代，我国的割胶生产一直采用1/2树周、2d一刀割制（s/2、d/2）的传统割胶制度。1967年，马来西亚发明了乙烯利刺激割胶技术并获得大幅度增产效果，引起世界广泛关注，由此也引发了世界高产高效割胶制度里程碑式的变革。我国于1971年引进了乙烯利刺激割胶配套技术，并首次在中国热带农业科学院试验场的实生树和国内低产芽接树进行试验，胶树产量成倍甚至数倍增加，取得了良好效果。随后，研究人员在短期内成功合成乙烯利结晶，并与企业合作实现了乙烯利的量产，为我国乙烯利刺激高产高效割胶技术体系的建立与大面积推广奠定了坚实的基础。1977年，我国基本解决了实生树和国内低产芽接树乙烯利刺激的重大技术难题，形成具有中国特色的割胶技术规程，成为我国天然橡胶发展史上的重要里程碑。随后，该技术在芽接树大规模推广应用，并进行了一系列技术改革：改单用阳刀割胶为阴阳刀割胶，改传统的高频d/2割制为低频d/3、d/4、d/5割制，改传统的加刀强割为减刀浅割，改乙烯利单方乳剂为乙烯利复方糊剂，改割"原生皮＋再生皮"为只割原生皮（许闻献，2000）。割胶技术的变革大幅提高了劳动效率、节约了人力成本、延长了胶树经济寿命，进而大幅增加了胶乳产量，社会效益和经济效益显著，该制度一直沿用至今。

（一）低面阴刀制度

这是一种降低死皮量、增加橡胶产量的新割胶方法，此方法能够在不提高成本的情况下，采用阳刀割阴线的方式，从胶树的底部开始沿割面斜割到2.5~3m及以上的高度，可减少死皮量的2/3，增加产量的45%，这种割胶方法的原型来自1995年在印度橡胶研究所开发的名为IUT的割胶技术（何维景，2014）。

（二）气刺微（短）割技术

在胶树上安装气囊，充入乙烯气体刺激排胶。最先由马来西亚橡胶科研机构研究成功，我国自20世纪90年代中期自马来西亚引进气刺短线割胶技术，1997年进行小范围生产性试验（杨文凤等，2021）。经过多年的研发及生产性试验示范工作，对气刺短线割胶技术中割线长度、刺激位置、刺激剂量、刺激剂浓度、刺激时间等关键技术环节进行了熟化；提出双轮换割面设计，创新了刺激技术并丰富了乙烯气体刺激基础理论内容。提出了刺激周期调节、割胶频率调节、割胶时间调节、干含指标调节和营养调节等 5 方面的"气刺短线割胶技术关键调控环节"（校现周等，1998；牛静明等，2012；杨文凤等，2012；仇键等，2014；杨文凤等，2013），形成了橡胶树气刺短线割胶技术规范（NY/T 1088—2020）。逐步形成了一套较完整的气刺微割技术规程。该技术将割线长度缩短到 s/8 和 s/4 甚至更短，将传统的乙烯利刺激改为乙烯气体刺激，降低采胶频率，由 3d 割 1 刀减为 5d 割 1 刀，缩短割线并扩大树位株数（谢黎黎，2016）。该技术操作简化、割速提高、耗皮节省、伤树减少、劳动强度减轻、生产率提高、单产增加，并且使胶树经济寿命延长，是一项全新割胶技术。

在不增加胶工劳动强度的前提下，通过降低割胶频率、缩短割线等的技术手段较好地提升了割胶效率，较好解决了胶工短缺的生产现状，广东垦区开始推广应用 d/6 及以上超低频割胶制度，海南垦区开始推广应用 d/5 或 d/6 的割胶制度，云南垦区开始推广应用 d/4 割胶制度，将有效缓解胶工紧缺难题。

但是气刺微割仍存在漏气、树皮粗化、割线内缩等问题，在我国橡胶主产区还没有得到大面积推广应用，后续研究仍需要解决生产应用上的技术问题。目前，气刺短线割胶技术主要在老龄胶树和更新胶树上使用，应进一步熟化气刺割胶技术细节，改进充气装置，寻求稳定的乙烯气体来源，降低生产成本投入，扩大推广应用范围，支持产业可持续发展和升级。但随着经济社会的进一步发展及老一批胶工的退休，橡胶产业劳动力缺口还将不断扩大，新型机械化、智能化割胶工具的研发及推广应用，采胶新技术的研究以及收胶方式的集成创新等都将成为进一步研究的重要课题。

（三）低频刺激割胶技术

该技术在我国农垦系统的推广率已达 98% 以上，并取得了巨大的成功；但在民营胶园的推广应用只有 20% 左右。在国外，如马来西亚、印度、科特迪瓦等国家，都进行了比较系统的研究，还探索了 7d 1 刀甚至 12d 1 刀的超低频割胶技术。但在生产应用上刺激割胶的应用还不够普遍；而即使应用刺激割胶技术，大多也只采用 3d 割 1 刀的割胶制度，由于 4d 以上割 1 刀的割制普遍存在着减产的问题，在生产上推广应用还受到一定质疑。据估计，目前主要植胶国应用低频刺激割胶技术的比例占 1/3 左右，而最大产胶国泰国，在生产上仍多采用传统的 s/3d 的非刺激割制（魏小弟，2010）。

（四）超低频刺激割胶技术

马来西亚、科特迪瓦等国外，早在 20 世纪 80 年代就开始进行了 d/6、d/7、d/12 等割胶制度的研究（魏小弟，2000；许闻献，1996；Soumahin EF et al.，2009；Diarrassouba M et al.，2012）。喀麦隆推行的 d/7 超低频割制，试验结果表明，其获得产量为常规割胶技术的 90% 左右。印度开展了 d/10 的探索性研究，结果表明：在增加刺激周期数并安装配套的防雨装置基础上，干胶产量并不会明显降低。可见，合理调节刺激剂浓度和周期，低频超低频刺激割制在理论上和实践上都是可行的。在国内，海南农垦龙江农场曾于 1998 年开展了 6d 的小区试验（陈慧到，2002）。近几年来，胶工短缺的问题在中国日益严峻。为此，中国割胶专家针对这一问题，提出了通过低频割胶，增加树位株数以提高人均干胶产量的理念。2010—2012 年，中国热带农业科学院橡胶研究所采胶课题组进行了 d/7 超低频割胶的试验示范，3 年试验结果表明：将割胶频率从 d/4 降低到 d/7，同时将刺激剂浓度从 3.5% 提高到 4.0%，3 年累计割胶刀数从 144 刀减少到 100 刀，减少了 30.6%，年均株产干胶减少了 10.4%~24.0%，单株单次干胶产量增加了 15.7%~28.1%。2014 年在广东农垦也进行了 d/6、d/7 高效低频的试验，并取得了预期效果（何维景，2014）。2016 年广东加大试验规模，云南和海南也开展相关试验。从当前橡胶生产形势来看，d/6、d/7 等超低频割胶具有良好的应用前景，将成为解决胶工紧缺问题的有效技术手段（黄华孙等，2016；杨文凤等，2020）。

六、我国割胶制度发展历程

20 世纪 70 年代以前，我国的割胶生产一直采用 2d 割 1 刀（d/2）的传统割胶制度，这种传统割制不使用乙烯利刺激、年割胶刀数多、年耗皮量大、割胶频率高、胶工承割的株数有限，总体而言，割胶效率较低。

1971 年开始我国进行了以乙烯利刺激为手段的低频割胶制度改革，割胶频率从原来的 2d 割 1 刀（d/2）降低到 3d 割 1 刀（d/3）、4d 割 1 刀（d/4）甚至 5d 割 1 刀（d/5）。

近年来，随着胶工老龄化现象和熟练胶工短缺问题的加剧，在 d/3 至 d/5 低频割制的基础上进一步将割胶频率降低至 6d 割 1 刀（d/6）或 7d 割 1 刀（d/7）。低频或超低频割制通过乙烯利刺激来达到减少割胶刀数的目的，同时使胶工的人均承割树位数由传统的 2 个增加到 3～5 个，甚至 6～7 个，进一步提高了割胶效率，减少了胶工需求。

但割胶频率并不是越低越好，在相同条件下，年割胶刀次减少，干胶产量就会相应减少。虽然可以通过采用乙烯利刺激等来弥补一定的产量损失，但乙烯利的施用是有限度的，不同品种对乙烯利的耐受性也各不相同，过量施用或不当施用等都会造成胶树死皮甚至被迫停割等。因此在确定割胶制度时，要充分考虑单位面积产量与提高效率之间的关系，找到最适的平衡点，以获得最佳经济效益。

我国把 d/3（3d 割 1 刀）、d/4（4d 割 1 刀）、d/5（5d 割 1 刀）新割制划分为低频割胶，把 d/6（6d 割 1 刀）及以上的割制划分为超低频割胶（杨文凤等，2021）。当前我国各植胶区采用的割胶频率各有差别：广东农垦基本上都采用 d/5 及以上的割制；海南农垦主要采用 d/3 至 d/4 割制；云南农垦体制改革实行属地化管理后，普遍采用 d/3 甚至 d/2 割制；地方胶园中的地方国有农场大都采用较低频率的刺激割制，个体植胶户大部分还是采用常规的 d/2 割制。

第三节　割胶现状分析

一、割胶行业现状

橡胶树最佳排胶时间是在凌晨 3—4 时，世界大面积植胶 100 余年来，割胶仍沿用人力割胶方式，割胶技术要求高、劳动强度大，人力割胶成本占生产成本的 70% 以上（曹建华等，2020），这也是天然橡胶行业百年来发展的"痛点"问题。随着我国经济的发展，越来越多的农村青壮年劳动力和高素质人才流入城市就业，不愿意从事低收入、高强度的割胶工作，天然橡胶种植业面临低收益、高成本和用工荒三重压力，对胶园机械化采收需求迫切。受机械采胶技术的限制，现有的胶园采收机械应用较少，尤其是全自动采收机械发展较缓慢、装备成本高、适用性不强，应用效果仍不理想，不能满足我国热带丘陵山区胶园发展需求（王玲玲，2022）。

（一）作业环境差，劳动强度大

胶园环境复杂且恶劣。割胶是一项野外大田工作，胶园大多位于山地丘陵地区，离胶工居住地较远。胶工通常在凌晨割胶，胶林中空气湿度大，蚊虫多，割胶工作环境恶劣。

（二）割胶技术要求高、劳动强度大

凌晨气温低、排胶膨压大、胶乳不易凝固、易获得产量，因此，胶工每天凌晨 2 时起床，割胶至 5—6 时，8 时后开始收胶并送到收胶站，直至上午 10 时左右才能完成 1d 的割胶作业，之后还要抽时间对割胶刀进行修磨以备第二天割胶使用。割胶不仅靠胶工的技术和经验，还严重依赖胶工的手力、体力和眼力，每天推刀 7 000 次以上、来回行走数千米，一天的工作时间长达 5h 以上，劳动强度非常大。此外，由于采胶生理的特殊性、树干工况的复杂性，且生产要求割胶深度和耗皮量精度要达到毫米级，因此，割胶是一个高精细化、高技术要求的工作，胶工需全神贯注以免割伤胶树，眼睛易疲劳，长期工作易导致老花眼、手腕不适、腰椎疾病等。

（三）从业人员不稳定，素质不高

割胶作业环境恶劣、劳动强度大、收益不高，难以吸引年轻人、特别是难以吸引有较高文化素质的人员从事该领域工作。胶工整体文化素质偏低，技术培训和管理难度大；且人员队伍不稳定，特别是近年来人员流失严重，极不利于产业发展。

（四）技术胶工短缺，老龄化严重

据不完全统计，我国天然橡胶产业从业人员约 132.3 万人，涉及家庭约 63 万户，涉胶总人口约 282.3 万人，其中胶农人数约 93.4 万人、割胶工约 70 万人。随着我国社会经济的快速发展，工业化和城镇化进程加工，大量农村劳动力特别是青壮年劳动力进城和外出务工。社会劳动力构成不断发生变化，各行各业劳动力资源竞争也日趋激烈。受全国劳动力短缺的大环境影响，再加上割胶工作环境恶劣、耗工量大、劳动强度高、胶工收入与劳动付出不成比例，导致胶工日益短缺，生产用工矛盾日趋加剧（杨文凤等，2015），产业面临胶工紧缺和胶工老龄化问题（吴明等，2014）。我国当前的胶工年龄主要

集中在 40～60 岁，对割胶作业相对熟悉且可以保证产业收益的胶工年龄偏大，而割胶产业中的后继力量——年轻劳动力供给不足（何长辉等，2017）。胶工老龄化严重，不仅工作效率低，对割胶新技术的接收和认知水平也难以达到要求，导致割胶技术没有明显的改进甚至停滞不前，这在一定程度上制约了产业的发展。在国外，如马来西亚、泰国等植胶大国也面临同样的问题，有限的收入和恶劣的工作条件，导致熟练的割胶工人大量外流（Kamata et al.，2018；Zhang et al.，2016），劳动力短缺和老龄化已成为制约天然橡胶产业发展的瓶颈。

（五）产业收益不高，难以支撑成本

产业正在经受胶价持续低迷和劳动力成本不断攀升的双重压力，举步维艰。因物价上涨、其他行业对劳动力的竞争，胶工对劳务收入的要求有增无减，为稳定胶工队伍，胶场需不断提高胶工年劳务收入，同时，还要为胶工缴纳社保，但胶价低迷、产业收益有限，植胶企业和农场负担日益加剧，甚至面临亏本经营。

（六）科技支撑保障能力不足，影响可持续发展

生产管理技术落后，损耗橡胶树的产胶潜力。在国内外市场等各方面因素的冲击下，橡胶生产中的各种矛盾、问题不断出现，历次改革并没有很好地解决问题，割胶生产技术出现了断崖式下滑，相关的配套技术措施不被很好地应用或被乱用，损坏橡胶树的产胶潜力，加上近年来橡胶市场不景气，粗放经营、无序竞争和投入不足等均导致胶园生产能力严重下降，给橡胶产业的健康发展带来较大的隐患。

二、天然橡胶产业对科技支撑的需求

（一）急需丰富育种材料，培育适用于不同需求的多元化品种

长期以来，橡胶树育种目标只注重高产和抗逆两个特性，随着发展形势的变化，产业呈现出对早产、高产、品质、木材、树形、抗逆性等性状的多元化需求。

（二）急需降低栽培管理成本，突破劳动力束缚

我国胶园主要集中在丘陵山地，机械化程度低且实现难度大。割胶人力成本占生产成本的 70% 以上，且技术胶工严重短缺，迫切需

要研发机械化、轻简化装备，以及实用、高效生产管理技术，建立智慧橡胶生产管理平台。

（三）急需研发立体复合高效种养模式，提高胶园综合效益

新形势下天然橡胶产业面临诸多挑战，原料生产端比较效益快速下降，产业结构调整压力加大。需要重视橡胶人工林的多功能特性，充分利用胶园林下空间，研发立体复合高效的种养结合模式，因地制宜发展林下经济和循环经济，提高单位面积效益。

（四）急需完善天然橡胶高性能化生产"创新链"，提升天然橡胶产品的质量和性能

长期以来，上游对下游制品一对一需求支撑不足，上中下游全产业链标准化、一致性配套生产技术体系尚未建立，导致胶乳、初加工原料质量参差不齐。迫切需要以市场化需求为导向，对涉及全产业链基础科学问题和关键技术进行"创新链"系统研究，全面提升天然橡胶产品质量和性能。

（五）急需开发橡胶树副产品，提高产业附加值

推进橡胶木材、橡胶籽以及次生代谢产物等综合利用，延伸橡胶产业链，开展废旧橡胶资源再生利用研究，提升橡胶产业资源综合利用水平。充分挖掘白坚木皮醇等次生代谢产物的综合利用，实现橡胶树资源利用最大化。

三、提高割胶劳动生产率的途径

（一）降低割胶频率

以乙烯利刺激为手段实行低频割胶是世界割胶生产发展的主流。合理调节刺激剂浓度和使用周期，严格执行技术规程，d/3 至 d/5 的割胶频率都可以获得与对照持平或稍高的产量。通过降低割胶频率来节约用工。

（二）提高树位株数

采用高效割胶方法：不同的割胶方法，在相同的割胶技术条件下，每割一株树所用的时间是不同的。如割半树周的割线，割两条短割线（s/4＋s/4U）比割一条 s/2 割线要多用时 1/3 左右，气刺微割更能成倍提高工效。20 世纪 70 年代或 80 年代进行的针刺采胶，在提高劳动生产率上也有可取之处。

割胶速度除受不同割胶方法的影响外，还受树围大小、原生皮和再生皮，以及个人割胶习惯动作的影响。我国对胶工培训一贯强调质量而忽视速度。胶工人均承割的株数取决于每个胶工承割的树位个数和每个树位的大小（即每天割胶的株数），胶工承割的树位数取决于割胶频率，每个树位株数取决于所采用的割胶方法和割胶速度（毛玲莉等，2018；韦贵剑等，2015；赵自东等，2012）。以现有的成熟技术，现在胶工每天割胶 300～400 株，与国外主要植胶国家差距较大。气刺短线割胶技术通过高效乙烯气体刺激将传统的 1/2 割线缩短为 1/8，割线短、割胶速度快，胶工的每天割胶株数从原来的 300～400 株增加到 500～600 株，割胶效率大幅度提升（杨文凤等，2021）。可采用 4d 1 刀割制，即每个胶工割 4 个树位，每个胶工承割的株数应可达到 1 800～2 160 株。通过改变割胶技术、调整割胶制度来提升割胶效率、节约用工。

（三）探索新的采胶方法

研究气刺微割，验证针刺、割胶结合的割胶技术，探索导胶技术。由于技术简单，针刺或导胶技术可极大地提高采胶效率、节约用工。同时，也极有可能实现高效、经济的机械化采胶。

（四）革新割胶工具

传统割胶刀对胶工技术要求高、劳动强度大，极大地影响了割胶效率。如目前研发的 4GXJ－2 型便携式电动割胶刀，在人力辅助下，实现了"傻瓜式"割胶，能降低割胶技术难度和劳动强度 60%，胶工省力 2/3，可提升单株割胶速度 1 倍以上，同等时间或同等劳动强度下，增加胶工割胶面积 30%～40%，是世界割胶工具的重要变革，应加大推广应用力度，助力产业节本增效。

此外，加强经济型、轻简化全自动或智能采胶装备的研发与推广，从根本上解决割胶对胶工的依赖，大力解放劳动生产力，是未来该领域发展的必然趋势。

（五）探索新的服务体系

目前，橡胶产业仍沿用几十年来包产责任制模式，即 1 个胶工负责 2～3 个树位，需独立完成割胶、收胶、施肥、除草、病虫害防控等一系列工作，一岗多职多能，专业化分工不到位，这种模式已不能适应当前社会经济朝着专业化、精细化分工发展的现状。为充分发挥割胶能手和年轻胶工的割胶技能，有条件的地方，可尝试割、收、管分开的做法，成立专业化队伍，即割胶的只管割，收胶的只管收，日常管理的只负责管，这样可大幅提升作业效率、节约用工成本，有利于产业健康发展。

本章小结

　　割胶技术的高低直接影响当年产量及长期收益的多少。探索割胶制度更是为了进一步规范割胶技术，生产上不能一味追求高产，过度排胶无异于杀鸡取卵，还需要养树，需在短期效益与长期效益之间找到最佳平衡点。随着对橡胶树乳管发育、树皮结构、产排胶机理、胶乳特性等研究的不断深入，割胶技术与割胶制度也得到了长足发展，生产上根据不同品系、树龄、季节等因素，配套研究了科学的采取技术体系，在保障橡胶树正常生长的前提下，实现了节本增效、效益最大化。未来，采胶技术与制度会朝着精细化、个性化、特色化发展，割胶会朝着专业化、精细化和机械化发展。

第三章　人工采胶工具的研究与发展

　　1493 年，西班牙探险家哥伦布（C. Columbus）踏上美洲大陆后发现印第安人会将一种乳白色的黏稠液体涂在衣服上用于防雨，而该液体凝固后，印第安人会将其制成"白色小球"用于玩耍，这些白色小球弹性极好，且表面具有一定的黏度，人们也初步了解到天然橡胶的弹性和防水性。1852 年，"天然橡胶之父"古德伊尔（C. Goodyear）无意中将盛有硫黄的橡胶罐子丢在火炉上，形成了第一块硫化橡胶皮，硫化橡胶也因此诞生。随着世界上第一双利用硫化橡胶制成的橡胶防水鞋面世，天然橡胶也逐渐成为工业领域不可或缺的关键原料，并且开始了对橡胶树的大规模种植与栽培，由此也促进了采胶工具的发展。人工采胶工具便是以获取天然橡胶胶乳为目标制作而成的器具，经过数十年的发展与演变，成为机械化、自动化、智能化采胶工具研发的基础。

第一节　人工割胶刀的发展与演变

一、人工割胶刀的发展

　　人工割胶刀是最原始的获取胶乳的采胶工具。人工割胶刀的发展历程大致可分为探索期、演变期、稳定期及更迭期共 4 个阶段，人工割胶刀目前正处于更迭阶段，各类采胶工具的出现正逐步取代人工割胶刀在采胶工具领域的地位，人们也逐步将精力更多地投放到质量更高、效率更高、精度更高的采胶工具上。

（一）探索期

　　割胶刀探索初期，人们仅以获取胶乳为目的，只需要让橡胶树

"藏"起来的胶乳流出即可，其采胶方式和采胶工具相对简单粗犷，"砍树取胶"现象更是随处可见。1876年，英国学者威克姆（Wickham）将约7万颗橡胶树种子从亚马孙地区带回伦敦，随后这批种子被送至皇家植物园，开始了大规模栽培。而由于种植数量和种植面积的增加，人们发现依靠简单的方法不但无法获取足够的胶乳，还会损伤橡胶树，进而造成严重的经济损失。受限于当时橡胶采收技术与农艺的发展，此问题也并未得到很好的解决。

直到1897年，新加坡植物园主任芮德勒（H. N. Ridley）为纠正天然橡胶粗放式采胶的现状，提出了著名的"芮德勒连续割胶法"（姚元园，2016），人们才意识到采胶作业环境虽然不好，但作业精度、作业技术和作业农艺却是影响胶乳产量和经济效益的关键因素。逐渐地，人们开始研制各类适用于"连续割胶方法"的割胶刀，至此人工割胶刀的发展也逐步进入演变阶段。

（二）演变期

演变期是割胶刀发展的重要阶段，割胶刀随着割胶技术与割胶制度的发展而发生演变。在此阶段，人们根据不同的割胶技术与割胶制度，结合自身的割胶习惯，开始不断地尝试改变割胶刀的形态、功能及用法。

例如，考虑到胶工身高有限，割胶作业过程中难以割除橡胶树高处的树皮，人们发明了推式割胶刀，通过加上手臂长度来增加作业高度，采用手推割胶的方式更加符合切割高处树皮的需求，解决了"高空作业"问题；人们发现切割橡胶树较低部位的树皮也极其费时费力，往往需要下蹲才能完成割胶作业，然而每次割胶时，面对上百株橡胶树，反复蹲起对胶工体能也是巨大考验，拉式割胶刀也因此诞生，手拉割胶的方式省力，且胶工只需弯腰便能完成低处的割胶作业。

割胶作业的基本要求得以满足后，如何提高作业质量逐渐成为整个行业亟待解决的问题。例如，组合式割胶刀的面世让割胶作业得以更加持久，不仅免去了磨刀的麻烦，也赋予了割胶刀更多的操作空间；在组合式割胶刀基础上，通过辅以工业化、信息化技术，人们研发了多功能割胶刀，不仅提高了割胶刀的功能性，还有效保障了割胶作业精度。割胶刀的演变，也为后续各学者开展割胶刀优化与升级提供了可靠的参考。

（三）稳定期

经过多年的实际应用与实操验证，割胶刀在形态、功能以及用法上已基本定型，该阶段可称为割胶刀的稳定期。其中，使用时间最长、应用范围最广的割胶刀便是推式割胶刀和拉式割胶刀，绝大多数割胶刀的优化与升级，甚至机械化割胶装备的研发都是以推刀和拉刀为原型开发而得的。

然而，割胶刀的发展在稳定期相对停滞，人们已经对使用的割胶刀极其熟悉，割胶技术与割胶制度也基本成熟，在当前割胶环境下难以实现割胶刀新突破。正因为如此，凌晨作业、蚊虫蛇蚁环绕、常年汗流浃背、收入持续下降的工作环境，相比较于大城市里"光鲜亮丽"的工种与环境，已经难有吸引力。人工割胶刀，乃至割胶领域也到了"变一变"的关键时刻。

（四）更迭期

随着农业技术的发展，加之胶价下跌和胶工劳动力缺失产生的冲击，当前人工割胶刀已基本进入更迭期。电动割胶刀、自动化割胶机器以及智能化割胶机器等割胶工具的出现，正逐步取代人工割胶刀，这也是割胶刀今后发展的必然趋势，但这并不意味着人工割胶刀即将退出历史舞台。

更迭期将要面临的困难远比想象中的多，能不能割得准、能不能割得精、能不能保障胶乳产量都是需要解决的问题。与此同时，绝大多数胶工并不会积极主动去接触新的割胶工具，只要工具用得顺手，胶乳产量常年保持稳定，对他们来说就是最好的割胶工具。此外，新的割胶工具成本普遍较高，虽然绝大多数植胶地区都有针对性的补贴政策，但对于割胶个体户来说，使用新的割胶工具依旧不是他们的首要选择。因此，人工割胶刀的更迭注定是一个持续且长期的过程。

二、人工割胶刀的演变

从天然橡胶规模化种植和胶乳采收开始，人工割胶刀的形态、功能及用法均在不断演变，但基本都是在推式割胶刀和拉式割胶刀的基础上进行变化。因此，人们按割胶方式将人工割胶刀分为推式

（Gouge）和拉式（Gebung）两大类，主要特征为切割端有两个呈一定夹角的刀刃，刀柄通常由木头或硬质塑料制成，质量轻、耐腐蚀。

（一）天然橡胶推式割胶刀

天然橡胶推式割胶刀（简称"推刀"），特点为工作时刀头背向胶工，主要依靠胶工推动割胶刀切割橡胶树树皮实现胶乳的采收。

1. 常见推刀结构　推刀通常由刀口（Knife edge）、刀翼（Broadside of a knife）、刀身（Knife blade）、刀柄（Knife handle）、刀把（Handle）、刀胸（Arc part of a knife back）、刀背（Knife back）以及圆口（U-shape knife edge）组成，如图3-1所示（推式割胶刀，2006）。

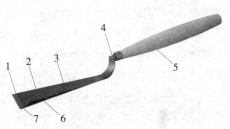

图3-1　推刀结构图

1. 刀口　2. 刀翼　3. 刀身　4. 刀柄
5. 刀把　6. 刀胸　7. 圆口

（1）刀口。刀口即割胶刀的刃口，其主要功能为割离橡胶树树皮。刃口宽度通常为3～5mm，刃口打磨抛光及加工过程中不可产生退火等降低硬度的现象，距离刃口40mm长度范围内刀身硬度为65（±1）HRC。打磨后的刃口不可存在缺口或白刃，每磨刃1次应满足200株橡胶树割胶需求，出现崩刃和卷刃应及时打磨。

（2）刀翼。刀翼即形成刀口夹角的两个侧面，主要功能在于通过紧贴橡胶树已割面，实现割胶位置的固定与行刀轨迹的控制。按宽度（H）可分为大刀口（宽度20mm）和小刀口（宽度15mm），其中大刀口适用于橡胶树树皮较厚、小刀口无法完全覆盖割线表面的作业工况。

（3）刀身。刀身即从刀口至刀柄交接处的部位，主要功能在于排开切割下的树皮并使其脱离橡胶树表面。刀身通常选用高碳钢打磨制成，其材料力学性能不得低于《碳素工具钢》（GB/T 1298—2008）规定的T10材料性能。市面采购的刀身材料仅靠敲击声往往很难辨别材料在硬度上的差别，对此，人们通常将不同刀身材料两两互敲，通过敲击后刀身上的伤痕深浅区分材料硬度高低，伤痕浅的硬度相对较高。

（4）刀柄。刀柄即刀身外用于安装刀把的部位。刀柄长度通常为

18～20mm，安装方式为紧压装配。刀柄处通常加工有通孔，胶架钢丝可穿过通孔，从而便于胶工调整胶架钢丝位置。

（5）刀把。刀把即安装刀柄的握把，制作材料通常为坚实干燥的木材或硬质塑料，刀把表面加工有弧度，便于胶工握持和操控割胶刀。刀把安装过程中刀身中线、刀柄轴线、刀把轴线应尽可能在同一直线上，以保证割胶作业的精度。

（6）刀胸。刀胸即刀身背面弦弧部分，主要功能在于减少刀具与橡胶树已割面、割线表面之间的摩擦，降低割胶作业对橡胶树造成的损伤。距离刀口 40mm 长度范围内的刀胸，其外表面粗糙度应为 $3.2\mu m$，弦弧高度通常为 $0.2～0.3mm$。

（7）圆口。圆口即两侧刀翼之间的过渡圆角，主要功能在于贴合橡胶树已割面与割线交接处表面，使割胶刀沿着割线轨迹运动。按圆角（R）大小可分为三角刀（$R<0.8mm$）、小圆杆刀（$0.8mm\leqslant R\leqslant 1.0mm$）和大圆杆刀（$R>1mm$），如图 3-2 所示。目前，小圆杆刀是主推的采胶工具，主要原因在于三角刀过渡圆角较小，刀刃处极为锋利，割胶过程中极易损伤橡胶树，现已基本禁止使用三角刀进行割胶作业；而大圆杆刀过渡圆角较大，刀翼未能较好地贴合已割面，导致割胶深度不足，胶乳产量较低。

| 大圆杆刀 | 小圆杆刀 | 三角刀 |
| $R>1mm$ | $0.8mm\leqslant R\leqslant 1mm$ | $R<0.8mm$ |

图 3-2　不同类型的圆口刀

2. 常见推刀类型　常见的人工推式割胶刀按其结构可分为一体式推刀、组合式推刀及多功能推刀。割胶刀之于胶工，正如武器之于士兵，割胶刀的好坏不仅与其质量高低有关，关键在于胶工使用是否得心应手。为了适应各类割胶习惯、割胶环境以及割胶制度要求，各类割胶刀也顺应而生。

（1）一体式推刀。一体式推刀是最原始的规模化采胶工具，其刀把与刀身一经装配连接后便形成一体化的采胶工具，直至推刀完全损坏，否则刀把与刀身都不会分离。一体式推刀按刀口形状可分为 V

形推刀和"一"字形推刀，如图 3-3 所示。

　　V 形推刀使用最广，以此推刀为基础制定的割胶制度也相对成熟，两侧刀翼交替使用即可分别实现阴刀和阳刀的割胶需求，并且圆口能够快速开设前水线和后水线，从性能和功能方面已经完全满足当前人工割胶的技术要求。

　　"一"字形推刀是印度根据当地割胶习惯研制的一类割胶刀，其刀口形状为"一"字形，刀口打磨成波浪形状以便于切割橡胶树树皮，刀翼与刀身垂直，刀身整体长度相较于 V 形推刀较短（曹建华，2020）。

V形推刀　　　　　　　　　　　　"一"字形推刀

图 3-3　一体式推刀

　　（2）组合式推刀。磨刀是胶工必备技能，也是胶工烦恼之事。由于缺少专业打磨工具，往往只能依靠磨刀石人工打磨，完成刀身的打磨几乎就要消耗胶工 1d 的时间。为了解决这个问题，人们提出"以换代磨"的方式，将刀身或刀口等部位模块化，当相应部位磨损至无法正常使用的状态，则予以更换，这便是组合式推刀的由来。

　　西双版纳农机研究所推出了一款新型多功能组合式免磨割胶刀，刀身被分为割胶刀、刮皮刀、修枝刀和嫁接刀模块；刀把分为长刀把、短刀把和加长钢套模块，如图 3-4（a）所示。通过更换不同刀身不仅可实现不同功能需求，还省去了烦琐的磨刀工作，并且创造了可观的经济效益，每人每 300 株橡胶树可增收 45～60 元，该新型多功能组合式免磨橡胶刀已于 2009 年 2 月正式投产（唐风平，2009）。

　　李旭海（2012）发明了一种可更换刀头的割胶刀，如图 3-4（b）所示，刀身通过刀柄上的螺纹和刀把连接，非工作状态下刀身可调转方向与刀把连接，缩短了割胶刀整体长度，更便于携带与收纳；刀头采用了可拆装设计，实现了刀身和刀头快速独立拆卸的功能。

何建华和周惠兰（2010）设计了一种不重磨夹固照明组合式割胶刀，如图3-4（c）所示。该割胶刀的刀头采用夹紧固定式设计，主要通过螺栓与刀身连接。为克服割胶刀凌晨作业视野条件不理想的问题，割胶刀侧前端装配有可调节的强光照明电筒。

（a）新型多功能组合式免磨割胶刀

（b）可更换刀头割胶刀

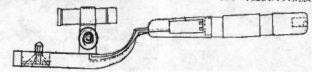

（c）不重磨夹固照明组合式割胶刀

图3-4 组合式推刀

印度尼西亚的Susanto等人（Susanto et al.，2016）研发了具有深度和厚度控制功能的柔性割胶装备（图3-5），主要由深度传感器、深度控制轮、旋转手柄螺钉深度、切割刀片、转向位置传感器、切割位置传感器、调节割胶厚度的弹簧、手柄、连接螺栓等组成。能够控制树皮的消耗量和割胶深度，

图3-5 Susanto等人研发的柔性割胶装备

（3）多功能推刀。随着割胶作业精度要求不断提高、作业强度不断增加，常规的推刀已无法完全满足割胶实际需求。于是，人们针对割胶作业过程中涉及的种种问题，结合相对先进的工业技术，赋予了

推刀更多功能，此类推刀常被称为多功能推刀。多功能推刀与前述两种割胶刀最大的不同之处在于其能够自主探测割胶深度、可视化监测作业过程，并具备友好的人机交互模式。

王驭陌（2015）等人设计了一种割胶刀，此割胶刀可根据前序割胶作业后的轨迹控制限位杆位置，此时胶工只需在一个角度上不断用力，就可依据限位杆的位置完成割胶作业，从而使割胶效率提高，而且不损伤橡胶树。其后，在此割胶刀的基础上又研发了一种基于TRIZ理论的冲突矩阵和创新原理的智能割胶刀，该割胶刀能够定时自动检测树皮总厚度，割胶时可通过传感器判断割胶力度，并且会通过报警器发出特殊声响提示胶工力度过大，从而保障割胶作业质量，并能够实现连续割胶，但目前未见生产上的应用报道。

张燕（2015）发明了一种智能电动割胶刀（图3-6），该款割胶刀由手柄、割胶刀体、显示屏、主控部件、测量、报警发声器、十字插刀、测量杆、限位套、挡块等组成，其将多种传感器获取的数据集成显示在屏幕上，不仅能够实时测量树皮总厚度和已割树皮厚度，还能测量割胶力度，使胶工作业过程中得以察觉割胶作业的质量。

刘博艺（2017）等人发明了一种智能电动割胶刀（图3-7），能够实时监测并记录割胶深度，方便胶工掌握力度控制割胶深度，割胶深度将会以数据的形式传输至存储单元中，并通过程序将存储单元中记录的数据进行分析，对胶工割胶操作行为进行打分和指导，便于新胶工快速掌握和提高自身的割胶技术。

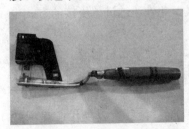

图3-6　张燕发明的智能
电动割胶刀

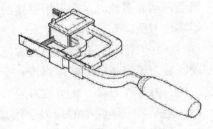

图3-7　刘博艺等人发明的
智能电动割胶刀

然而，多功能推刀并未被大范围推广应用，因为多功能推刀更多被视为人工采胶工具向自动化采胶工具发展的过渡产物。不过多功能推刀的研发一定程度上突破了传统割胶刀的束缚，在人工割胶领域初步探究了割胶深度的探测与控制等关键技术，对各类割胶装备快速发展具有推动意义。

（二）天然橡胶拉式割胶刀

天然橡胶拉式割胶刀（简称"拉刀"），特点为工作时刀头面向胶工，依靠胶工拉动割胶刀切割橡胶树树皮，以实现胶乳的采收。拉刀结构简单、制作方便、成本低廉，但其割胶稳定性较难把握，仅仅在东南亚少数植胶地区应用。

1. 常见拉刀结构 拉刀通常由刀口、刀身、刀柄和刀把组成，如图 3-8 所示，其主要功能与推刀类似。

（1）刀口。拉刀的刀口经压弯成型，通常人们会将刀刃处磨出一个尖端，利用

图 3-8 拉刀结构图
1. 刀口 2. 刀身 3. 刀柄 4. 刀把

锋利的尖端可以更好地切割橡胶树树皮。拉刀的刀口长度较短，对于割胶作业中产生的已割长树皮，其排屑效果并不好。

（2）刀身。拉刀的刀身整体较薄，主要是为了能在割胶作业过程中，给胶工提供足够的可视空间，较薄的刀身也能更加贴合橡胶树已割面，起到割胶导向的作用。同时，较薄的刀身能够一定程度上节省材料。

（3）刀柄。拉刀的刀柄处加工有通孔，主要用于将刀柄连接到刀把上，绝大多数时候会采用铆接的方式，此外通过过盈压接的方式也能实现刀柄的安装。

（4）刀把。拉刀的刀把通常使用木材或硬质塑料制成。但部分植胶区域为了提高拉刀整体强度，会采用一体化成型的方式制作刀把、刀柄、刀身和刀口，此类拉刀的刀把材料则与刀身一致，通常为碳素钢。但是，一体成型的拉刀会增加自身重量，导致胶工作业强度较大，且作业精度难以控制。

2. 常见拉刀类型 拉刀的类型主要有一体式拉刀和组合式拉刀（曹建华，2020），由于推广范围有限，多功能拉刀并非研究热点，且拉刀的功能也仅限于割胶。

（1）一体式拉刀。一体式拉刀是最常用的拉刀类型，刀身整体较薄，通常以铆接的形式与刀柄连接；刀头外形与推刀类似，也以铆接的方式固定在刀身上，如图3-9所示。一体式拉刀可在一定程度上保持割胶工具稳定的工作状态。

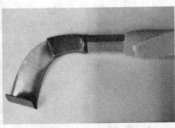

图3-9　一体式拉刀

（2）组合式拉刀。组合式拉刀的特点在于刀头处进行了改良（图3-10），例如泰国研发的组合式拉刀采用快速拆装方式设计刀头，从而有效避免了磨刀的工作；越南和马来西亚研发的组合式拉刀均在刀头处增加割胶深度限位装置，或是割胶轨迹仿形机构，从而有效增加了拉刀的操控性。

（a）泰国拉刀——刀头可换

（b）越南拉刀——带限位器　　　（c）马来西亚拉刀——带限位器

图3-10　组合式拉刀

三、人工割胶刀配套工具

人工割胶刀的使用往往需要搭配专门的配套工具，主要包括收胶工具和磨刀石。其中，收胶工具是人工割胶刀，乃至机械割胶作业过程中必不可少的配套工具，无论采用哪种割胶方式，都需要配套相应的收胶工具；对于胶工来说磨刀石是必须熟练掌握并使用的工具，而在目前没有机械化磨刀专用工具的条件下，磨刀石成了人工割胶刀最值得信赖的"伙伴"，也是影响割胶刀使用寿命的关键因素。

（一）收胶工具

常见的收胶工具主要包括胶舌、胶碗和胶架，如图 3-11 所示。在橡胶树开割期内，每株正常开割的橡胶树均需配备一套除胶桶以外（胶工随身携带）的收胶工具，直至橡胶树进入停割期。

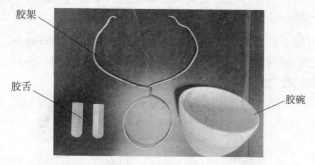

图 3-11　收胶工具

胶舌是指嵌在橡胶树树干后水线部位的铝制凹槽，使用前通常用胶刀将其尾部砸入橡胶树树皮以固定，胶舌长度 80～100mm，宽度 20～30mm，厚度约 1mm，整体呈圆弧形。胶舌的主要作用是引导胶乳流向，当胶乳顺着后水线流下，可顺着胶舌流入胶碗，胶舌的圆弧形状可有效避免胶乳外溢。此外，胶舌还具备刮取凝固胶乳的作用，当胶乳在胶碗中凝固后，可利用胶舌沿着胶碗内壁将胶乳刮取出来。

胶碗是盛装胶乳的陶瓷碗，胶碗容量 300～500ml，碗口直径 100～120mm。胶碗内壁表面较为光滑，可使碗壁上的胶乳顺畅地流入胶碗；胶碗外壁表面较为粗糙，主要为了增大摩擦力，使其能够牢固地固定在胶架上。通常胶工会以竖放胶碗的方式，标记橡胶树胶乳已采收，同时保证胶碗内不会落入蚊虫、露水或枝叶等杂质。

胶架是支撑胶碗的铁丝，铁丝直径为 4~6mm。胶架两端较尖，使用时利用割胶刀的刀柄处圆孔将胶架两端折弯，并敲入橡胶树树皮以固定。由于胶架位置会随着橡胶树割面的不断延展而变换，因此胶架敲入橡胶树树皮时要保持合适的力度和深度，避免在橡胶树树皮表面留下过多的孔洞以及损伤橡胶树。胶架中部为圆环，用于放置胶碗。

（二）磨刀石

磨刀石是打磨人工割胶刀的必备工具，一把割胶刀是否标准、是否合用，与割胶刀的刀身、刀头打磨情况好坏密切相关，磨得好的割胶刀锋利且不伤树，能够增产 5% 以上。磨刀石通常为天然浆石，粒度约为 5 000 目，根据粒度大小可分为粗石、红石和粉石（图 3 - 12）。

粗石　　　　红石　　　　粉石

图 3 - 12　人工割胶刀专用磨刀石

磨刀石使用前应使用清水浸泡 15min，随后在平整的水泥地面上进行磨修，其中一侧应磨修平整，用于打磨胶刀刀背的平顺面；另一侧应磨修成双斜面，用于打磨胶刀翼夹角处。其中，粗石表面较为粗糙，通常胶工会使用粗石将割胶刀各个部位大致打磨成型，当刀口磨成一条均匀的白线后更换红石继续打磨。红石的作用在于清理刀身表面磨痕并稍微加工，但是红石不能将刀口处磨锋利。刀身表面磨痕清理后，更换粉石将刀口处仔细打磨平整锋利，再进一步将刀翼部分磨平至光滑。

通常，标准的人工割胶刀经打磨后应具备以下特征：刀翼平滑、刀胸顺直圆滑、凿口斜度平顺均匀、刀口平整锋利、割胶刀好割且有利于养树。其中，胶工评价刀口是否锋利的方法是将割胶刀竖直放置，刀锋向上，手掌半握圆状套在刀口处，双眼垂直正视刀锋，若不出现白点、白边或卷刃的现象，说明刀口已磨锋利。

四、人工割胶刀优劣势

人工割胶刀作为最原始的天然橡胶采收工具，对整个天然橡胶产业的意义不言而喻。在制度、技术、工艺发展的历史长河中，人工割胶刀的优势和劣势也尤为突出。

（一）优势

人工割胶刀通常由统一的普通钢材铸成，成本较低，制造工艺简单，并且已经推广使用了数十年。无论是在割胶技术还是割胶工具的使用上，都已经过大量地区、大量实际应用的验证。在当前自动化、智能化采胶技术的发展尚未得到实质性突破的时候，人工割胶刀无疑是胶工最得心应手的"宝器"。

为了更加符合割胶制度的要求，随着加工制造工艺的不断升级与优化，人工割胶刀经过数十年的演变之后，其功能性已基本能够满足日常割胶需求，同时也成为胶工最易接受和学习的一类采胶工具。

（二）劣势

人工割胶刀的劣势在更迭期发展阶段更为显著，机械化、自动化、智能化采胶装备出现，人工割胶刀的使用空间被逐步压缩，主要原因在于要熟练使用人工割胶刀，胶工需要经过系统、长时间的培训才能独立操作，至于割得更快、割得更好就得经过 10 年左右的磨炼。而对于胶工资源流失严重、技术胶工储备不足的当下，人工割胶刀所面临的困难也更多、更明显。

尽管胶工经过长时间培训与磨炼，但在使用人工割胶刀的过程中依旧会发生大量伤树现象，因为割胶深度和耗皮厚度仅仅是依靠目视判断和人为控制，该过程极度依赖于加工技术能力和技术手段，割胶质量一致性始终无法保障。与此同时，长时间保持专注状态，胶工劳动强度极大，人工割胶刀成为胶工们"既爱又恨"的工具。

第二节　针刺式采胶工具的发展与演变

推割、拉割的割胶方式终究是高强度人工作业，胶工培训成本也相对较高，为了能够轻松、快捷地获取胶乳，人们想到了"微创"方式，即通过针刺破坏橡胶树树皮来采收胶乳。

一、针刺式采胶工具的发展

针刺式采胶工具的发展，按其功能大致可分为人工、电气化以及自动化 3 个阶段。目前，针刺采胶工具的发展正处于电气化向自动化的过渡阶段，虽然在采胶工具、采胶方式上相对成熟，现有的针刺式采胶工具也基本能够实现自动化作业，但相关的农艺要求，如针刺深度、针刺密度及针刺频率等仍处于探索阶段，因此，针刺式采胶工具并未大范围推广使用。

20 世纪 70 年代至 80 年代初，曾掀起一股针刺采胶的热潮，相对于传统割胶刀通过切割橡胶树树皮获取胶乳的方式，针刺采胶速度更快、操作更简单、技术门槛更低。起初，人们将尖锐的针状工具敲入橡胶树树皮，拔出后针孔部位就会溢出胶乳，这也验证了针刺采胶方法的可行性。然而，针刺采胶技术终究还是依靠人工操作，对解放劳动力的贡献不大。同时，以人工操作的方式进行针刺采胶作业，针刺采胶深度难以控制，刺浅则产胶量低，刺深则容易伤到木质部，影响现生皮及乳管的再生，易导致树皮干涸、树皮局部坏死、胶乳产量下降。虽然针刺采胶耗皮量与传统连续割胶方法相比会减少 50%，但其产量也仅为传统割胶方法的 50%～70%（吴继林，1983；Lukman，1986；许闻献，1981；许闻献，1982）。因产量低于传统割胶，针刺采胶热潮也渐渐地退却。

二、手动针刺采胶工具的演变

针刺采胶工具的最原始形态为手动式，常见结构有锤击式结构、按压式结构和回弹式结构。受锤子工作方式的启发，早期的手动针刺采胶工具类似锤子，锤头上装有可拆卸的短针，通过螺母和夹头固定在锤柄上。使用时，胶工将短针对准采胶部位，摆动锤柄用锤击的方式将短针刺入树皮，从而达到采胶目的，如图 3-13（a）所示。

由于锤击的方式不易控制针刺部位，往往会使得针刺孔位置分布混乱，进而影响后期胶乳的收集效率，于是人们想到采用按压的方式精准控制针刺部位。使用时，胶工将短针对准采胶部位，通过手部力量将短针按压刺入树皮，从而达到采胶目的，如图 3-13（b）所示

（T. T. Leong，1978）。

为进一步提高针刺采胶效率，人们在钻柄部位加入弹簧，当短针刺入树皮后，弹簧处于压缩状态，利用弹簧的弹力将短针从树皮中拔出，从而省去了人工拔出短针这一工序，并有效改善了因拔出方向、力度不同而影响针刺采胶效果的问题。

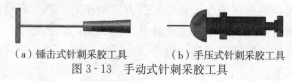

（a）锤击式针刺采胶工具　　　（b）手压式针刺采胶工具

图 3-13　手动式针刺采胶工具

三、针刺式采胶工具优劣势

（一）优势

在人工采胶工具范畴内，针刺式采胶工具的优势相对明显。首先，针刺采胶已具有较好的研究基础，经验证，在理论和实践上是可行的；其次，针刺采胶速度与效率相较于传统割刀更快更高，针刺采胶的速度优势能弥补其产量劣势；最后，针刺式采胶工具的原理和结构简单，其生产制造较其他采胶工具会更加便捷、成本更加低廉。

针刺采胶技术的提出，对降低割胶作业强度具有深远意义，与传统割胶比，胶工采胶作业时，不需要再全神贯注地盯住胶线和割胶工具，也不用再为手撕旧胶线而烦恼。同时，针刺式采胶工具在人工采胶领域，工业化、信息化技术集成程度要求较高。

（二）劣势

事实上，无论何种形式的针刺式采胶工具，都要面临如何将针刺孔洞内的树皮碎屑排出的问题，如果碎屑无法及时快速排出，残留在针刺孔内的树皮碎屑会堵塞乳管，影响胶乳产量。虽然电钻式针采工具的短针采用"麻花"设计，可排出部分碎屑，但富含乳管处的树皮含水率较高，质地较软，不会像金属碎屑一样可以顺畅地沿着排屑槽排出，仍然会残留在针孔内。

另外，针刺采胶相关农艺标准尚未明确，针刺采胶深度、针刺面规划、针刺频率等关键农艺均无明确的标准要求，在此情况下，容易损伤橡胶树，在针孔处易形成"木钉"，影响现生皮及乳管的再生，易导致针刺孔周边树皮坏死，不仅降低产胶量，还会减少橡胶树的经济寿命。

第三节 人工采胶工具存在的问题

一、人工采胶工具短板明显

（一）劳动强度大

人工采胶工具主要依靠人工操作，对于绝大多数胶工来说，每次采胶作业范围约 1 个树位，每个树位约有 300 株橡胶树。橡胶树产胶最优时间是凌晨的 3—5 时，这意味着胶工需要在 2h 内连续完成 300 株橡胶树的采胶作业，劳动强度非常大，颠倒黑白的作息也在潜移默化地影响着胶工的身体健康。

对于采用人工割胶刀的胶工来说，在没有动力辅助的情况下，完成如此高强度的割胶作业，对胶工的耐心、体力和技术都是极大的考验。相对而言，装备有动力源的针刺采胶工具劳动强度相对较小，但针刺采胶依旧需要人工完成作业，在降低劳动强度方面成效并不明显。

（二）作业精度差

作业精度、作业一致性难以控制是人工采胶工具长期以来存在的问题，究其原因在于人工控制割胶深度和割胶耗皮量，难免会存在作业精度偏差。橡胶树的胶乳主要通过切割橡胶树皮获取，割胶深度要求控制在 1.2～1.8mm，作业过程精度要求较高。

众所周知，橡胶树树干轮廓形态复杂，具有裂缝、凹凸点等特征，人工采胶工具难以精准贴合树干轮廓，加之在高强度的割胶作业环境下，胶工根本无法长时间保持割胶专注度，导致割胶深度过深，损伤形成层后造成树皮难以再生，缩短橡胶树经济寿命，而割胶深度过浅又会导致减产。人工采胶工具对于割胶领域来说，类似于人类工具发展史上的"冷兵器"。虽然针刺采胶工具增加了深度控制装置用以提高作业精度，但受限于尚不明确的产胶机制和采胶农艺，若想将其推广应用并为以切割方式为主的割胶刀提供技术参考，仍需要持续探索和技术攻关。

（三）功能性不足

随着技术水平的发展，人们不仅要求采胶工具可以用来割胶，同时还希望通过采胶工具反馈更多的割胶数据，例如树干轮廓形态、树皮厚度等，这单纯依靠"一把刀"或"一根钻"是无法实现的。人工采胶工具功能的不足，也更加激励了学者们尝试将更为先进的工业技术引入，但此时先进技术也已经不是应用在人工采胶工具上，更多的是应用在自动化采胶装备上。

二、胶工管理成本高

（一）培训成本高

一个新手胶工需要经过 1～2 年时间才能熟练掌握人工割胶技术，并割好胶；需要经过数年时间才能达到一级胶工水平；要成为割胶辅导员，便需要更多的时间进行培训与磨炼。如此长时间的培训导致成本很高，而高成本培训的背景下，换来的却是胶工资源的不断流失、后续力量的储备不足。不仅仅是因为人工割胶技术门槛较高，更多是因为在胶价普遍下跌的情况下，花费大量的时间、人力、物力成本去培训新胶工，对于承担单位、胶工个人来说都是不小的挑战。

（二）劳动力流失

受天然橡胶价格波动的影响，且随着社会的发展与进步，越来越多的优质工作岗位可供选择，胶工劳动力出现了大量流失现象。凌晨作业、潮湿闷热、蚊虫相伴的工作环境，已吸引不了更多的年轻人步入割胶行业，也更阻碍不了优秀胶工到外面世界施展能力的步伐。

劳动力流失最直接的影响是单个胶工培训、管理成本更高，因为有可能面临花费多年时间培养出来的胶工选择更换工作，导致前期投入的培训成本"打水漂"的情况，也只有开具更高的工资、提供更好的条件才能吸引人们加入割胶行业。许多年后，胶工或许会成为行业的"稀缺人才"。

本章小结

为了获取天然橡胶，人们发明了人工采胶工具，且在使用过程中进行了逐步改良。人工采胶工具的出现，不仅解决了大规模采收胶乳的问题，同时也深入探索了天然橡胶采收的关键技术和工具。但科技在进步、技术在改进、工具在升级，先进采胶装备的出现也预示着传统人工采胶工具必将被替代，采胶工具实现机械化、自动化、智能化，是天然橡胶采收领域未来的发展趋势。

第四章　便携式电动采胶工具的研究与发展

电动割胶刀与传统割胶刀相比，从以下几个方面进行了革新：从人力到电力驱动、胶工劳动强度降低 40％以上，割胶深度和耗皮厚度实现了毫米级别的精准控制，割胶技术难度降低 50％以上，割胶速度提升 30％以上，新胶工培训时间缩短 1/2 以上。尽管仍需人工辅助操作，但是伴随当代工业技术飞跃进步，微小型化的电动割胶刀已能批量生产并在产业规模化应用，从理论（样机）跨入产品应用阶段，为解决割胶机械化迈出了至关重要的一大步，是割胶工具一种里程碑式的革命。

第一节　电动割胶刀的研究

一、电动割胶刀国内外研究进展

早在 20 世纪 70 年代末开始，国内外就开始了对电动割胶刀的研究，其按切割形式可分为往复切削式和旋转铣削式两大类。

（一）往复切削式电动割胶刀

王明辉（1988）发明了往复平动切削式电动割胶刀，利用凸轮将旋转机械动力转换为平动动力，刀头仍沿用了传统的 V 形，切割方式沿袭了传统割胶推切削方式（图 4-1）。郑义明（2012）发明了类似原理的电动割胶刀，所设计割胶设备的体积有所减小（图 4-1）。该类电动割胶刀体积相对较小，灵活、轻便，相对成本低，半自动化；但限于当时的生产与加工条件，电机、电池体积大，以及部件加工精度等远不能满足生产上便携式要求，切割深度和耗皮厚度仍需人为调控，与传统胶刀相比，该类电动割胶刀并没有明显降低技术难度的优势，因此未能在生产上大面积推广，因年代久远，仅见有专利及少量文献资料介绍，未见有实物样机图片。

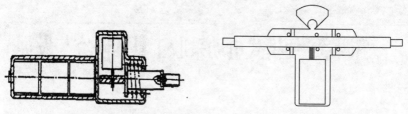

图 4-1 王明辉（左）、郑义明（右）发明的平切式电动割胶刀

1979 年，马来西亚橡胶研究院（RRIM）和日本 Nihon Giken 公司合作研制了一款往复切削式电动割胶刀并生产出了产品，在生产上试验试用，该机械能降低割胶技术难度，减少伤树，产胶量也较传统人工胶刀高，但数年后基本已不在生产上使用。据分析，限于当时的工业技术发展水平，电机和电池难以小型化，导致每台电动割胶刀重量约 3.5kg，胶工使用比较费力，时间长了易疲劳。该款电动割胶刀如图 4-2 所示。

图 4-2 马来西亚和日本联合研发的往复切削式电动割胶刀

印度 Soumya 等人（2016）研发了低成本的半自动橡胶树割胶机，主要由电池、切割刀片、导向器、手柄、传感器等组成。技术不熟练的割胶工人可以使用该机械进行割胶，且不伤树。该机械的特色设计为刀片，由水平、垂直两个切削刃组成，水平切削刃具有锯齿形轮廓，刀片沿着割线往复运动实现割胶。该款割胶机如图 4-3 所示。

曹建华等人（2016）研发的 4GXJ-1 型往复切削式电动割胶刀，主要由手柄、刀片、采胶耗皮深度调节装置、耗皮量调节装置等组成。该割胶刀能够实现采胶深度和厚度的有效确定，降低了人为主观

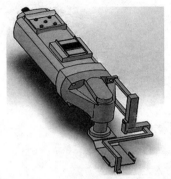

图 4 - 3　印度研发的半自动橡胶树割胶机模型及田间测试

因素对采胶深度和厚度的影响，大幅降低了割胶技术难度。该款电动割胶刀如图 4 - 4 所示。

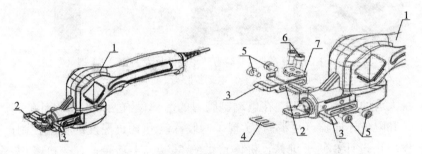

图 4 - 4　4GXJ-1 型往复切削式电动割胶刀
1. 手柄　2. 刀片　3. 采胶耗皮深度调节装置　4. 耗皮量调节装置
5. 第一螺栓　6. 第二螺栓　7. 压板

　　黄敞等人（2019）研发的 4GXJ-2 型往复切削式电动割胶刀，是 4GXJ-1 型的改进版，主要由刀片、驱动杆、轴承、偏心轴、电机和手柄组成。通过电机动力传动带动刀片切割橡胶树的树皮，实现扇形切割，不需要人工控制刀片单次的切割轨迹，减少对橡胶树皮水囊皮的伤害，提高割胶质量，降低对割胶产量的影响。该款电动割胶刀如图 4 - 5 所示。

　　2017—2019 年，中国热带农业科学院曹建华、黄敞等人研发的第一代、第二代产业应用化的"橡丰牌"4GXJ 型系列电动割胶刀（图 4 - 6），突破了生产加工工艺技术难题，是一种用电力驱动代替传

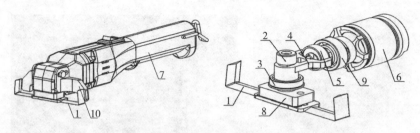

图 4-5　4GXJ-2 型往复切削式电动割胶刀

1. 刀片　2. 第一驱动杆　3. 第一轴承　4. 第二驱动杆　5. 第二轴承
6. 电机　7. 手柄　8. 刀座　9. 轴承　10. 导向器

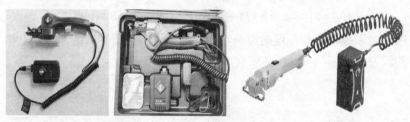

图 4-6　中国热带农业科学院曹建华团队研发的 4GXJ-1 型（左）
和 4GXJ-2 型（右）电动割胶刀

统人力的 V 形割胶刀。在电动割胶刀的前部设有两个对称设计的刀片和限位导向器（可调），实现了割胶深度和耗皮厚度的精准控制；模块化设计，便于维修；机体重量约 360g、小巧轻便；一机多用，可满足高低割线需要，有推割和拉割、阴阳刀割胶方式；割胶下收刀整齐；切削的树皮呈片状、胶水清洁无污染；割线平滑、整齐；操作简单易学、一键式、"傻瓜化"操作，可使新胶工培训时间缩短 2/3 以上，使割胶不再完全依赖技术胶工；空载下电池续航能力约 4.0h。据胶工反映，该机械使割胶技术难度和劳动强度降低 60% 以上，效率提升 30%～40%（单株割胶效率可提升 1 倍以上）。经大田割胶评估，该机型割胶产量、伤树率、胶水清洁度、有效皮、割面平滑度、割胶效率最接近或优于传统胶刀。目前，已实现批量生产，产品已在中国、泰国、马来西亚、越南、印度、印度尼西亚等 12 个世界主要植胶国开始了推广应用，有效拓展了胶工来源，一定程度上缓解了当前割胶无机械装备可用、产业技术胶工短缺的难题。

　　云南迅锋公司袁灵龙（2019）研发了一款往复切削式电动割胶刀，该机与早期的王明辉、郑义明发明的电动割胶刀本质上无区别，仅解决了割胶机械动力问题，割胶深度和耗皮厚度仍需胶工凭技术掌握，新胶工掌握难度大，易伤树或耗皮量过大，与传统胶刀相比，该胶刀没有明显的改变和提升。该款电动割胶刀如图4－7所示。

图4－7　袁灵龙研发的WSJD-1往复切削式电动割胶刀

　　此外，在2018年，越南、泰国、柬埔寨等国家出现了一款电动割胶刀，与中国热带农业科学院研发的4GXJ-1型十分相似，如图4－8所示。

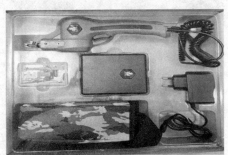

图4－8　4GXJ-1型高仿版电动割胶刀

（二）旋切铣削式电动割胶刀

　　周珉先等人（2013）研发了旋割式电动割胶刀，如图4－9所示。该机械仅见发明专利报道，未见实物样机。

　　曹建华研发团队（2015）先后设计了多款横铣式、立铣式电动割胶刀（图4－10，图4－11），试制了多轮样机用于割胶试验，但该类样机均存在明显缺陷、割胶效果难以达到现行采胶技术标准要求，最终未成型而放弃。

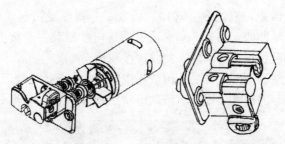

图 4 - 9　周珉先发明的旋割式电动割胶刀

图 4 - 10　曹建华研发团队研发设计的横铣式电动割胶刀

图 4 - 11　曹建华研发团队研发设计的立铣式电动割胶刀

　　何焯亮等人（2015）设计了可调节式橡胶树割胶机（图 4 - 12），主要由手柄、圆锯片、电动机、辅助手柄、齿轮箱盖、定位滚轮等组

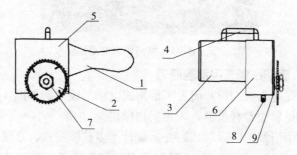

图 4 - 12　何焯亮研发的可调节式橡胶树割胶机
1. 手柄　2. 圆锯片　3. 电动机　4. 辅助手柄　5. 齿轮箱盖
6. 齿轮箱　7. 螺母　8. 定位滚轮　9. 圆垫片

成，割胶深度可调，割胶效率高，操作简单。

张慧等人（2015）设计了基于 PLC 控制的小型割胶机（图 4-13），由机体切割装置、挡板装置和 PLC 硬件系统组成。采用仿人工割胶的方法，并以弧形挡板、刀片块与螺钉弹簧的配合定距来辅助割胶。

割胶机的三维装配图

割胶机的三维爆炸图

图 4-13　张慧等人设计的小型割胶机

2016 年，广东阳江地区，有人研发了一款横铣旋转铣削式电动割胶刀，如图 4-14 所示。该机体积较大（约 1.5kg），电池较大（约 1kg），仅见于生产试验，未见推广应用报道。

图 4-14　横铣旋转铣削式电动割胶刀

2017 年，云南云疆公司研发了一款立铣式电动割胶刀，如图 4-15

所示。该机重 500~800g，电池重约 1kg，在云南和广东地区进行了试验试用。

图 4 - 15　云疆公司研发的立铣式电动割胶刀

中国热带农业科学院橡胶研究所高宏华等人（2018），研发了一款 4CJX - 303B 立铣式电动割胶刀，如图 4 - 16 所示。机体重 400~600g，电池重约 500g，2019 年开始在国内植胶区推广应用。

图 4 - 16　中国热带农业科学院研发的 4CJX-303B 立铣式电动割胶刀

2018 年，印度也推出了一款立铣旋转铣削式电动割胶刀，如图 4 - 17 所示，重量 600~800g。2019 年，马来西亚报道一款同印度一样原理的电动割胶刀，如图 4 - 18 所示，据介绍其操作简单易学，新胶工易掌握。

黄理等人（2018）研发的分体式割胶机主要由机头组件、割胶机本件、电源线连接组件组成，该割胶机通过机器带动切刀旋转实现对树皮的精准切割，该割胶机降低了采胶时割胶机本件的控制难度，实现了电池盒主体的快速更换，能够同时实现拉割或者推割的割胶方式。该款分体式割胶机如图 4 - 19 所示。

图 4 - 17　印度发明的立铣旋转
　　　　　 铣削式电动割胶刀

图 4 - 18　马来西亚发明的电动
　　　　　 割胶刀

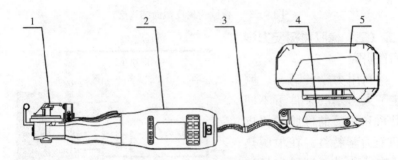

图 4 - 19　分体式割胶机
1. 机头组件　2. 割胶机本件　3. 电源线连接组件
4. 电池盒盖体　5. 电池盒主体

二、橡胶树树皮的力学分析与采胶技术的农艺要求

(一) 橡胶树树皮结构特征

橡胶树的树皮中有乳管系统，而乳管是形成胶乳和贮藏胶乳的主要组织，橡胶树的树皮指的是除去树干的木质部组织外，还包括周皮、韧皮和形成层，又可以根据树皮结构从外到里分为粗皮、砂皮、黄皮、水囊皮和形成层，如图 4 - 20 所示。

一般在割胶操作中，应控制合理深度，避免损伤到水囊皮，因水囊皮的损伤将影响橡胶树的高产稳产。达割龄的橡胶树树皮厚度一般大于 7mm，其中水囊皮的厚度小于 1mm，因此，机械割胶需要达到毫米级控制，才能确保合适的割胶深度，并防止伤树。橡胶树树皮结构图如图 4 - 21 所示。

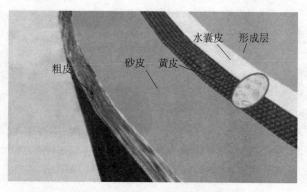

图 4-20　橡胶树树皮截面结构层

（二）橡胶树树皮力学特性研究

利用力学传感器，测定了人力割胶条件下不同品系和年龄的橡胶树树皮切割力学特性。在中国热带农业科学院试验农场选择主栽品系热研 8-79（16龄、20 龄、25 龄），热研7-33-97（12 龄、16 龄、22

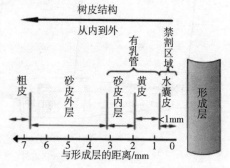

图 4-21　橡胶树树皮结构组织

龄），PR107（15 龄、20 龄、24 龄）3 个品系，每品系、树龄选择 1 株标准树对其原生皮或再生皮进行切割，每株树割 3 刀，切割树皮厚度按现行 3d 割 1 刀割胶制度、耗皮厚度 1.1~1.3mm，测定其树皮力学。

结果表明：随着树龄增长，各品系有如下表现。①热研 8-79 因原生树皮的厚度及硬度发生变化，其切削力逐步增大，16 龄的约为33N，20 龄的约为 46N。由于再生皮树皮组织与原生皮相比有较大的变化，较原生皮更硬，其切削力值更大，25 龄再生皮的切削力值约为 65N。②热研 7-33-97 因原生树皮的厚度及硬度发生变化，其切削力逐步增大，12 龄的约为 32N，16 龄的约为 38N。由于再生皮树皮组织与原生皮相比有较大的变化，较原生皮更硬，其切削力值更大，22 龄的切削力值约为 57N。③PR107 的原生树皮厚度及硬度亦在发生变化，其切削力逐步增大，15 龄的约为 35N，20 龄的约为 46N。由于再生皮树皮组织与原生皮相比有较大的变化，较原生皮更硬，其切削力值更大，24 龄的切削力值约为 62N。

上述测定结果表明，不同品系由于树皮软硬度不同，切削力的大小会有差异。且同一品系，随着树龄的增长，树皮厚度和硬度亦增加，切削力随之增大。与原生皮相比，再生皮硬度变大，切削力也较原生皮大。特别是在原生皮切割时，若有伤树情况发生，再生皮会长出树瘤，也会增加切割难度。切削力与树皮的品系、割龄等因素有关。此外，树皮切削力还受切割树皮厚度的影响，人力切割时树皮厚度难以做到均匀一致，也导致切削力大小有变化。因此，在设计切割刀头时，需要依据现行主流割胶制度，控制耗皮厚度与均匀度，科学匹配动力与生产要求，减少电能消耗。

（三）橡胶树割胶切割刀片分析

割胶刀按照刀片形式可分为传统割胶刀的 V 形刀口和电动割胶刀的 L 形刀片，其中，刀片的材料硬度均在 45～60HRC，这样才能够满足刀片的使用寿命要求。传统割胶刀的刀刃部位有倾角且刀背有弧度，刀刃打磨花费的时间较长且对磨刀技术有较高的要求；而电动割胶刀片为 L 形，具有圆弧倒角，一次成型，一定程度上仿照传统割胶刀来设计，且刀片的安装方便，材质选择耐磨损材料，结合传统割胶刀片工艺结构的同时，又避免了耗时磨刀的工作，电动割胶刀片与橡胶树的割面接触受限位导向器影响而控制在一定范围，满足了少伤树的割胶技术要求。

（四）采胶的技术难点

黄皮及其中的乳管是橡胶树生产胶乳最关键的皮层组织，在橡胶树黄皮中分布有 80％的乳管，乳管是橡胶树胶乳形成和流动的通道。黄皮层向内，是水囊皮，为禁割层。当水囊皮被完全割破、伤及形成层时，会导致木质部组织裸露在外甚至长出树瘤，堵塞胶乳的运输通道，间接影响此部位导致其不能再作为采胶区域，也影响再生层（已割面再次长出的树皮）的形成，降低胶乳产量。因此要保证在割胶时避免水囊皮受到损伤，即限制刀片圆角顶端到橡胶树皮层的径向距离，是割胶机械设计首先要考虑的内容。

根据橡胶树割胶技术规程，不同割制（d/3 至 d/7）割胶耗皮厚度值会不同，随着割胶间隔天数的增加，耗皮厚度也会增加，范围在 1.1～2.5mm，因此，需要割胶机械切割的厚度可控可调。

如图 4 - 22 所示，在割胶前，根据割制需求（如 s/2、s/3、s/4、s/8），需要沿着橡胶树干竖直方向割出两条浅沟线，称为前水线和后水线，割出的前后水线是代表采胶工作范围的限定。采胶区域中每条割线保证一致性和均匀性，下刀处胶乳水线的深度一致，都是技术熟练的工人才能做到的。

刀背与后水线的接触   下刀示意图

图 4 - 22 后水线与下刀点的关系

（五）橡胶树树皮切割的技术要求

割胶是指采用特制的工具，从橡胶树树干割口处切割树皮，使胶乳从割口处流出以获取橡胶的操作。割胶后形成一段近似圆柱螺旋线的割线，割线倾斜度即为螺旋升角。阳刀割胶时，其倾斜度为 $25°～30°$，阴刀割胶时，其倾斜度为 $40°～45°$。采用阳刀割法的橡胶树如图 4 - 23 所示。

割胶深度是指割胶时割去树皮的内切口与形成层的距离，常规割胶时割

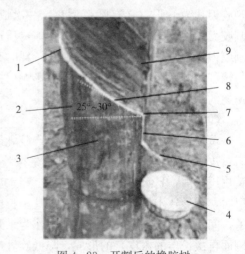

图 4 - 23 开割后的橡胶树

1. 割线 2. 割线倾斜度 3. 待割面 4. 胶碗
5. 胶舌 6. 水线 7. 胶乳 8. 割口 9. 已割面

胶深度为 1.2~1.8mm。每刀所切割下树皮的厚度称为耗皮量，不同割制对应的耗皮厚度会有细微差异，但一般都在 1.0mm 左右。科学合理的割胶技术规程，能够最大限度地发挥橡胶树的经济潜力，延长割胶时间与促进橡胶产量，为胶农带来持续可靠的经济效益。

第二节　便携式 4GXJ-1 型电动割胶刀的研发设计

以传统割胶刀的作业与行刀方式为设计依据，融合割胶规程的有关农艺要求，对电动割胶刀的切割形式、传动机构、刀片形状、限位装置等机械结构进行研制。研究人员先后设计了 16 款电动割胶刀的模型样机，从切割形式上划分为两大类：旋转铣削切式与往复切削式，如图 4-24 所示。

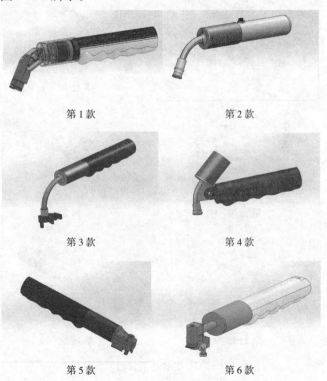

第1款　　　　　　　　　　第2款

第3款　　　　　　　　　　第4款

第5款　　　　　　　　　　第6款

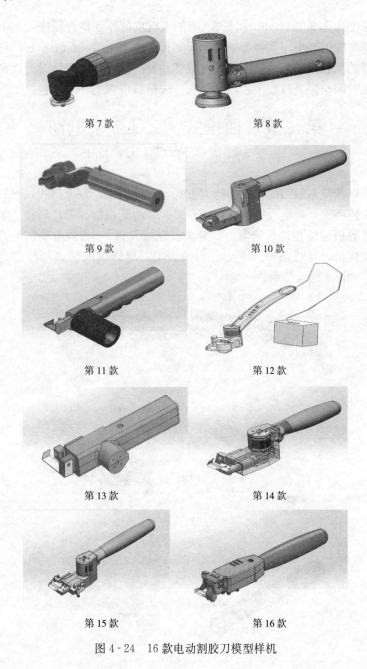

第7款　　　　　　　　　　第8款

第9款　　　　　　　　　　第10款

第11款　　　　　　　　　　第12款

第13款　　　　　　　　　　第14款

第15款　　　　　　　　　　第16款

图4-24　16款电动割胶刀模型样机

　　经过 16 款设计、仿真模拟及样机的试验测试、综合评价，认为往复切削式结构原理更为合理，割胶效果更能满足生产需要。下面将对这两款电动割胶刀的结构形式、工作原理、设计过程等方面进行描述。

一、总体设计与仿真验证

（一）整体结构组成

　　4GXJ-1 型电动割胶刀主体由机体外壳、电路控制、切割装置、传动机构等部分组成，如图 4 - 25 所示。

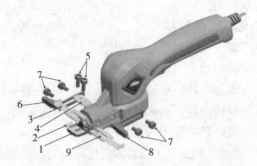

图 4 - 25　4GXJ-1 型电动割胶刀三维实体模型

1. 刀座　2. 耗皮量垫片　3. 右刀片　4. 刀片压板　5. 刀片紧固螺栓　6. 右导向器
7. 导向器调整螺栓　8. 左导向器　9. 左刀片

　　4GXJ-1 型电动割胶刀的主要技术参数如表 4 - 1 所示。

表 4 - 1　4GXJ-1 型电动割胶刀主要技术参数

项目	参数
额定电压（V）	12
空载转速（r/min）	6 000±10%
空载电流（A）	≤2.0
切割行程（mm）	1.5～2
耗皮量（mm）	1.0～2.5
锂电池容量（mA·h）	2 000
持续工作时间（h）	3～4
净重（不含电池）（g）	350

（二）工作原理

4GXJ-1 型电动割胶刀的
传动结构模型如图 4 - 26 所
示，在电机的动力输出下依靠
传动轴让传动杆进行往复运
动，由于刀片是由螺栓固定在
往复传动杆末端的刀座上，从
而实现了往复切削式割胶的设
计方式。电动割胶刀的传动部
件主要由偏心转轴、往复杆、
配重块等零件组成。偏心转轴
与配重块配合旋转带动往复杆

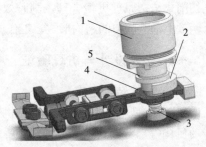

图 4 - 26　4GXJ-1 型电动割胶刀的
传动结构模型
1. 电机　2. 配重块　3. 滚动轴承
4. 往复杆　5. 偏心转轴

做平移运动，由于偏心转轴有旋转惯性力，往复杆有一个惯性力和惯
性力偶，而这些惯性力容易造成电动割胶刀本身的振动，导致零件之
间的相互磨损，最终影响整体的工作稳定性。

对 4GXJ-1 型电动割胶刀主运动的机构简图进行绘制，如图 4 - 27
所示。在高速电机的驱动作用下，连杆不断地做往复直线运动，从而
带动刀片完成对橡胶树树皮的切割作业。

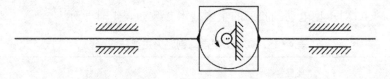

图 4 - 27　4GXJ-1 型电动割胶刀的传动结构机构简图

（三）关键部件的结构设计

1. 刀片的设计　可将割胶作业看成是刀片对树皮表面不断地往
复碰撞，从而将树皮切割下来的过程。电机的高速旋转运动转换成连
杆的平动，通过人手的控制让切割刀片与树皮表面保持相对稳定的接
触，从而完成切割运动。

通过建立电动割胶刀刀片的实际受力模型，对胶刀阻力进行分
析，在割胶过程中胶刀受到的阻力包括橡胶树树皮对刀刃楔面的摩擦

力、正压力及对刀口的阻力，如图 4-28 所示，图中 P_1 为胶刀的切割力，V 为胶刀的运动方向，P_2 为橡胶树树皮对刀口的抗压阻力，N_1 与 N_2 分别为橡胶树树皮作用在刀刃楔面的正向压力与反向压力，α 为刀刃的楔角，F 为刀刃作用在橡胶树表面上的摩擦力。

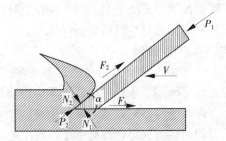

图 4-28　电动割胶刀刀片的割胶受力分析

根据竖直方向上的力的平衡可得

$$P_1 = P_2 + N_1 \sin\alpha + N_2 \sin\alpha + F_1 \cos\alpha + F_2 \cos\alpha$$

（式 4-1）

其中，P_1 与刀片刃口厚度、刀刃长度和橡胶树树皮的相关参数有关。刀片速度是影响耗皮质量的重要因素，刀片速度过慢，容易导致橡胶树的割面不平滑或者树皮难以切断，刀片速度过快，在割胶过程中刀片力会瞬时增大，使刀片的切割力不稳定，容易导致橡胶树树皮受到较大的冲击力，内部乳管受到剧烈摩擦，影响产胶量。

2. 传动结构的设计　根据 4GXJ-1 型电动割胶刀的主运动特性参数与机构简化的运动原理，设计了将曲柄等效为偏心转轴、连杆等效为套筒、滑块等效为往复杆的三维模型，如表 4-2 所示。

表 4-2　机构主要特性参数

名称	质量（kg）	惯性矩（kg·mm²）		
		I_{xx}	I_{yy}	I_{zz}
偏心转轴	0.027	1.411	1.411	6.343
往复杆	0.013	7.745	7.319	4.399

偏心转轴做高速旋转运动，套筒在偏心转轴的轴线 y 轴方向做转动，形成圆柱副约束；在偏心转轴运行中偏心距的作用下，筒外圆

柱面与往复杆的 U 型孔发生接触运动，形成点-线连续接触的传动方式，驱动往复杆在 x 轴方向做往复直线运动。在实际应用中，偏心转轴的动不平衡问题、套筒与往复杆形成有间隙的运动，造成零件传动方式发生改变，进而造成 4GXJ-1 型电动割胶刀在用户使用过程中反作用力较大，影响使用舒适感，且间接影响往复杆附加机构的切割动作，为此，需要对主运动结构进行分析与优化。

（四）运动学与动力学分析

在研究 4GXJ-1 型电动割胶刀振动的影响因素中，需对核心零件——偏心转轴的动平衡问题进行分析。该零件为非轴对称结构且质心也不在轴线上。做高速转动时，偏心转轴加速度、角加速度以及其上的作用有惯性力和惯性力偶矩，都施加于回转中心。由张军平等提出转动惯量为阻碍质点、质点系和刚体的转动，质心不在回转中心的偏心转轴的转动惯量引起动不平衡问题。图 4 - 29 表明了加速度和角加速度引起的惯性力对主结构零件的运动影响。

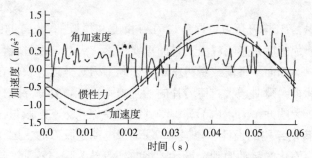

图 4 - 29　偏心转轴的加速度、角加速度和惯性力

1. 运动方程的解析　　在 ADAMS 仿真软件内电动割胶刀的构件之间都是通过运动副进行连接，经过一系列的叠加，便构成了运动分析的代数方程。假设运动副构成的约束方程的个数为 nh，则用系统广义坐标矢量表示的运动学约束方程组为

$$\Phi^K(q) = [\Phi_1^K(q),\ \Phi_2^K(q),\ \cdots,\ \Phi_{nh}^K(q)] = 0$$

（式 4-2）

稳定的机械系统的自由度为 0，故施加自由度为 0 的约束，则有

$$\Phi^D(q,\ t) = 0 \qquad \text{（式 4-3）}$$

联立式 4-2 和式 4-3 可得

$$\Phi(q, t) = \begin{vmatrix} \Phi^K q, & t \\ \Phi^D q, & t \end{vmatrix} = 0 \qquad (式 4\text{-}4)$$

对式 4-4 进行求导，并令 $\Phi_t(q, t) = -v$，即可得到速度方程为

$$\dot{\Phi}(q, \dot{q}, t) = \Phi_q(q, t)\dot{q} - v = 0 \qquad (式 4\text{-}5)$$

对式 4-5 求解，并令 $-(\Phi_t, \dot{q}_q)\dot{q} - 2\Phi_{tq}\dot{q} - \Phi_{tt} = \eta$，即可得到加速度方程为

$$\ddot{\Phi}(q, \dot{q}, \ddot{q}, t) = \Phi_q(q, t)\ddot{q} - \eta(q, \dot{q}, t) = 0$$

$$(式 4\text{-}6)$$

其中，q 为广义坐标系列阵；v 为广义速度阵列；Φ 为描述完整约束的代数方程阵列。

2. 偏心转轴的动平衡结构建模　动平衡问题的主要影响因素是偏心曲柄转速、动平衡机构设计以及零件之间的约束关系。偏心轴体偏心部分的旋转惯性力，与偏心配重盘旋转惯性力能够相互抵消，利用 ADAMS 仿真软件优化配重块的质量参数设计进行以下动平衡仿真实验，保持转速不变。采用增重法，设计偏心转轴与配重块的动平衡三维装配结构，利用 ADAMS 优化配重块的质量参数，满足偏心转轴惯性力最小值的要求。如图 4-30 所示。

图 4-30　偏心转轴的
动平衡结构

3. 动平衡结构的配重优化　因配重块的质量参数未知，为避免惯性力及惯性力偶矩引起机构的动不平衡现象，需对配重块的结构进行设计与配重优化。以偏心转轴的惯性力为目标函数、配重块的质量（mass）为变量函数，利用 ADAMS 仿真软件对偏心轴与配重块进行动平衡优化设计。在此研究实验中，如何找到 mass 的优化范围成为问题的关键。近似设计灵敏度是相对于前一次实验灵敏度平均值以及对下列实验的灵敏度，公式为

$$s_i = \frac{1}{2}\left(\frac{O_{i+1} - O_i}{V_{i+1} - V_i} + \frac{O_i - O_{i-1}}{V_i - V_{i-1}}\right) \qquad (式 4\text{-}7)$$

其中，O 为客观值，V 为设计变量值，i 为迭代值。在 ADAMS 的优化设计变量范围内进行反复多次的迭代可逐渐趋近目标函数值。

表 4-3　偏心曲柄运行所受的离心力仿真优化结果

实验	质量（kg）	离心力（N）	敏感值
1	0.038 329	0.000 231 33	−53.461
2	0.038 332	0.000 084 317	−30.661
3	0.038 336	0.000 062 700	22.800
4	0.038 337	0.000 209 72	53.461
5	0.038 340	0.000 356 73	43.461

从表 4-3 中的实验数据可知，质量的优化范围可以参考敏感值的正负号变化，如取 ［−30.661，22.800］，依此特征可以逐渐找到满足目标函数的参考范围。图 4-31 是优化实验后目标函数的曲线变化，根据表中变量函数质量的设定，测量出动平衡实验中对偏心转轴的惯性力的影响，可根据目标函数的最小值来选取配重块的质量参数。

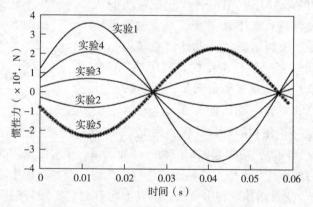

图 4-31　偏心转轴的惯性力优化分析曲线

通过对动平衡结构的运动学和动力学分析，给出了由离心加速度造成的振动力平衡的条件，可调整附加机构中偏心转轴的回转中心得到部分平衡。图 4-32 为动平衡优化设计前后回转中心的惯性力曲线变化。惯性力趋近于 0，很大程度降低了偏心转轴造成动不平衡问题对机械运行的受力影响。

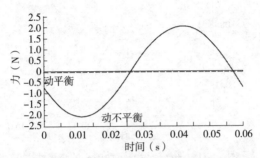

图 4-32　回转中心前后对比的惯性力的曲线变化

4. 机构简图的运动实验设计与对比分析　根据主运动的设计原理，设计 e 为偏心距，b 为套筒半径值；当滑块做往复直线运动时，会产生一定的加速度运动，图 4-33 描述了往复杆的位移 s、速度 v、加速度 a 的运动规律。

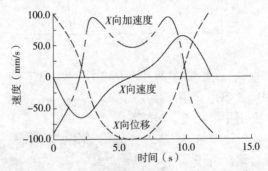

图 4-33　4GXJ-1 型电动割胶刀主运动简机构的运动规律

滑块做变速运动时，仅有一个加在质心上的惯性力作用。在图 4-34 中，曲线实验 1 为对称机构的转动中心的总惯性力，曲线实验 2 为单一结构即非对称的曲柄滑块的转动中心的总惯性力。

由动平衡验证结果可知，对称机构或附加机构可以相应减少或抵消原机构产生的惯性力，但是不能减小惯性力矩。在 4GXJ-1 型电动割胶刀中，其机构在设计上未能考虑惯性力及惯性力矩因素影响，导致部分机械振动的产生，如图 4-35 所示。

5. 不同传动条件的实验分析与优化　不同传动条件的实验分析

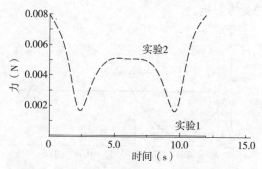

图 4-34 平衡前后的转动中心的总惯性力

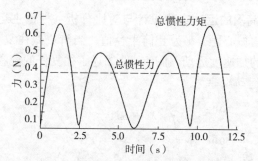

图 4-35 平衡后转动中心的总惯性力与总惯性力矩

与优化在 4GXJ-1 型电动割胶刀的工程应用中，以套筒的外圆柱面与往复杆的 U 型孔运动为例，由于偏心零件使此部分构件做往复直线运动，其在装配中的套筒与往复杆的约束关系与设计不一致，引起零件受损，实物如图 4-36 所示。

图 4-36 往复杆的 U 型孔受力实物

通过零件检查，发现这种损伤是由于往复杆与套筒加工尺寸与安装误差比理论设计尺寸小 0.5mm，使套筒与往复杆 U 型孔呈有间隙的接触运动而导致的。根据套筒与往复杆 U 型孔的约束关系，利用 ADAMS 对套筒外圆柱面与往复杆的 U 型孔中点-线和接触力的传动条件进行是否存在间隙影响进行仿真分析。在图 4 - 37 中实线为点线运动，其往复位移曲线变化缓慢且增幅一致，与设计相符；而虚线为接触碰撞运动，其往复位移曲线变化增大且增量不一致。通过仿真分析发现，约束方式不同导致往复杆行程发生了变化。

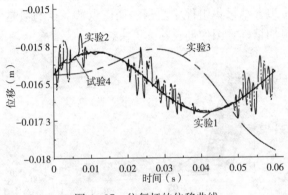

图 4 - 37　往复杆的位移曲线

在不同的传动条件下，运动参数 Force Exponent 值引起往复杆与套筒的接触状态和运动状态发生不同的变化，并用来计算瞬时法向力中材料刚度项贡献值的指数。图 4 - 38 表明了 Force Exponent 值影响往复杆在 x 轴方向的位移。

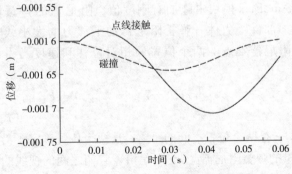

图 4 - 38　往复杆在 x 轴方向的位移

图 4 - 39 中，利用 Parzen window 密度估计，往复杆在 X 轴方向的位移变化与振荡频率之间关系的近似方法计算的结果为

$$w_j = 1 - \left| \frac{j - \frac{1}{2}(N-1)}{\frac{1}{2}(N+1)} \right| \qquad (式 4\text{-}8)$$

其中，w_j 是窗口函数，即滤波器；N 是输入采样的数量，用于指定点数中拟合结果集组件中数据的插值点数，点的数是偶数次幂，使得结果更加精确且图像创建熟读更快。

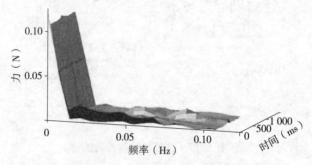

图 4 - 39　往复杆在 X 轴方向的振幅变化

6. 往复杆附加构件的等效设计试验与运动分析　把往复杆附加构件等效为变形的柔性体来处理，更能反映往复杆的真实运动。利用柔性施加刚体的刚度与阻尼，可较好符合实际运动状况。在利用 ADAMS/AutoFlex 模块中施加有刚度值、阻尼值的弹簧体代替往复杆的附加部件受力体，弹簧阻尼器的平移力的大小线性取决于限定弹簧阻尼器端点的两个位置的相对位移和速度。得用力线性关系为

$$F_{\text{force}} = -c(\mathrm{d}r/\mathrm{d}t) - k(r - L_{\text{length}}) + F_{\text{preload}}$$

$$(式 4\text{-}9)$$

其中，r 是两个位置之间的距离，这两个位置确定了沿它们之间的视线测量的弹簧阻尼器。$\mathrm{d}r/\mathrm{d}t$ 是沿着它们之间的视线的位置的相对速度。c 是黏滞阻尼系数。k 是弹簧刚度系数，F_{preload} 定义弹簧的参考力，L_{length} 定义参考长度。据此设计出更加符合真实电动割胶刀

的主运动仿真模型，如图 4 - 40 所示。

图 4 - 40　4GXJ-1 型电动割胶刀的主运动仿真模型

图 4 - 41 表示弹性体所受到往复杆的进给力，此力在实际应用中作为往复杆附加构件的切割动力。结果 1 是套筒的外圆柱面与往复杆 U 型孔对弹性体的影响曲线，其为点-线接触方式，仿真曲线光顺，运动稳定，部件受力小；结果 2 为接触传动方式，其曲线不光滑有震荡，部件受力大。

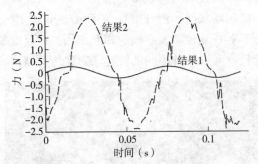

图 4 - 41　弹性柔性体的受力曲线

可见对往复杆附加构件力变化影响最大的是 U 型孔受到的运动传动方式。因往复杆刚性构件在运动过程中受到被切割物（从橡胶树的水囊层到砂皮层）阻力的影响，这里设置弹性体的刚度值为常数、阻尼值初始值非零且逐渐增大。图 4 - 42 反映了弹性柔性体和偏心转轴对回转中心在运动仿真的受力变化。

仿真结果表明，当套筒与往复杆配合存在间隙时，弹性体的阻尼值变化明显，并加大了偏心转轴负载，偏心转轴运行时易受其外力的干扰。当弹性柔性体的阻尼发生变化并且影响到高速偏心转轴时，将

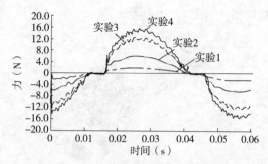

图 4 - 42　回转中心的受力曲线

导致部件传动不平稳和机构整体震动。

7. 运动特性的结果分析　　根据电动割胶刀的外形尺寸，通过 Solid Works 软件对传动结构进行建模并导入 ADAMS 动力学分析软件中。电动割胶刀电机的额定工作转速为 5 000r/min，因此可以在传动结构中的偏心轴上施加一个大小为 5 000r/min 的驱动转动副。添加相关边界条件的传动结构模型如图 4 - 43 所示。为了比较不同转速下传动结构的运动状况，还分别在 3 000r/min 和 1 000r/min 的电机转速条件下，对往复杆与偏心轴的相互作用力情况以及往复杆的运动特征进行分析，通过 3 种不同的转速来对比传动结构的运动情况。

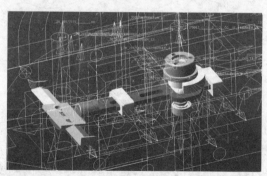

图 4 - 43　电动割胶刀传动结构的运动模型

　　点击仿真按钮进行电动割胶刀传动结构的相关仿真参数设置，将仿真时长设置为 0.5s，仿真步数设置为 500。如图 4 - 44 和图 4 - 45 所示。随着转速提高，产生的作用力值也相应增加，受力曲线的波动幅度也越加密集，这是由于高速转动下往复杆和偏心轴的碰撞程度更加剧烈，单位时间内的碰撞次数也相应增加；而往复杆的运动速度曲线随着转速提高变得平滑，具有一定的周期性，有利于转动惯性力矩的平衡。

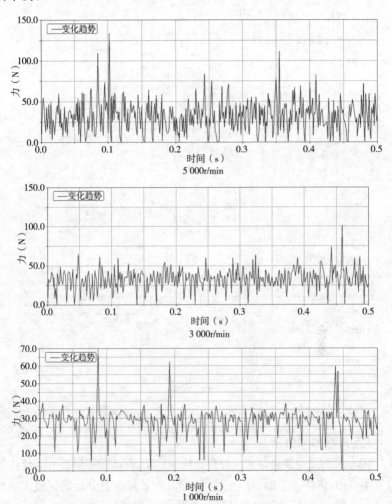

图 4-44 不同转速下往复杆与偏心轴的相互作用力

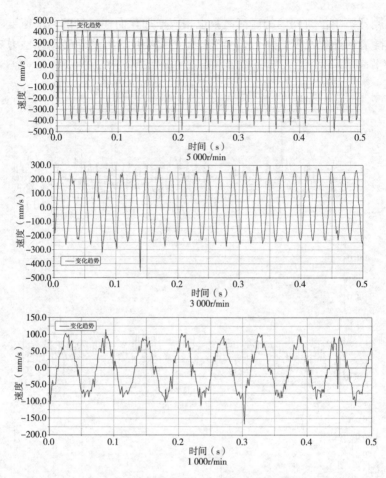

图 4 - 45　不同转速下往复杆的运动曲线

(五) 静力学分析

　　偏心轴的高速旋转，造成往复杆快速移动，直接的接触受力会使往复杆发生弯曲、扭转等变形而产生疲劳破坏，通过静应力分析确定最大应力和最大应变。往复杆的材料设计采用普通碳钢，材料属性如表 4 - 4 所示。

表 4 - 4　材料属性

材料	泊松比	弹性模量(Pa)	屈服强度（MPa）	许用应力（MPa）
普通碳钢	0.28	2.1×10^{11}	220	113

通过 Solid Works 软件对往复杆进行三维建模，并定义零件的相关材料属性。此次分析采用四面体网格划分，划分结果为：节点数为12 662，单元数目为6 964。划分网格后对往复杆进行相应载荷与约束的边界条件添加，边界条件的正确设置能够反映真实的作业情况。运行后往复杆的静应力如图 4 - 46 所示，往复杆在工作时受到的最大应力为 19.42MPa，远小于往复杆的材料最低屈服极限 220MPa，即往复杆的选材上满足刚度要求；往复杆的最大变形量在 0.007 8mm，相对整体尺寸而言变化太小，可以忽略不计。综上所述，往复杆在运动受力时，无论在强度方面还是刚度方面都能够满足设计要求。

图 4 - 46　往复杆的静应力分析

（六）模态分析

通过对电动割胶刀结构的固有频率以及振动振型进行分析，可以有效避免共振现象发生。在进行模态分析的时候，可以忽略结构的阻尼，多自由度系统的固有频率和固有振型可以通过求解系统的无阻尼自由振动方程得到。

多自由度无阻尼自由振动方程为

$$[M]\{\ddot{x}\} + [K]\{x\} = 0 \qquad （式 4\text{-}10）$$

其中：$[M]$ 为系统质量矩阵；$[K]$ 为系统刚度矩阵

对于多自由度线性系统，设方程的解为

$$\{x\} = \{A\}e^{j\omega_n t} \qquad （式 4\text{-}11）$$

式中，A 是系统自由振动的振幅向量，将方程解及其二阶导数代入多自由度系统无阻尼自由振动方程，消去公式因子可得到：

$$([K] - \omega_n^2[M])\{A\} = \{0\} \qquad （式 4\text{-}12）$$

上述方程的求解问题是经典的特征值求解问题，对于 N 自由度系统来说，通过对特征值问题的求解，可以获得 N 阶系统的特征值，其按大到小为 ω_{n1}^2，ω_{n2}^2，ω_{n2}^2，…，ω_{nN}^2 及 N 组特征向量 $\{A_1\}$，

$\{A_2\}$，$\{A_3\}$，…，$\{A_N\}$。ω_{ni}为系统第i阶固有频率，是由系统刚度和质量确定的，将第i阶的特征值ω_{ni}^2开方后可得到ω_{ni}，ω_{ni}称为系统的第i阶固有频率。

往复杆带动割胶刀片进行平移运动，在这一过程中刀片会受到外界不同激励的影响。当胶刀固有频率与受激励工作频率接近时，会让胶刀产生共振，从而对其整体结构造成破坏。因此，为避免发生共振，对胶刀进行模态分析，获取固有频率。本研究在固定约束下进行模态分析，在 Solid Works 软件的 Simulation 插件中设置模态数为 5 阶，求解得到前 5 阶振型，如图 4-47 所示。

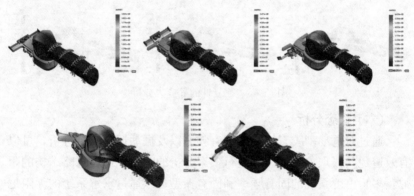

图 4-47　电动割胶刀的前 5 阶模态分析

由振型图可得各阶固有频率、最大变形量和变形位置，如表 4-5 所示。

表 4-5　电动割胶刀的前 5 阶频率数

阶数	固有频率（Hz）	极限转速（r/min）	最大变形量（mm）	变形位置
1	164.94	9 896	3.8	
2	190.64	11 438	5.5	
3	390.74	23 444	6.5	电动割胶刀的刀头部位
4	510.59	30 635	6.7	
5	735.35	44 133	19.0	

结合图 4-47 和表 4-5 可知，电动割胶刀的变形主要集中在刀头

部位，1 阶的固有频率为 164.94Hz，最大变形量为 3.8mm，这远大于胶刀本身在最大转速下的工作激振频率 83Hz，因此不会出现共振的情况，故电动割胶刀的结构设计合理。

二、割胶过程中切割技术试验研究

(一) 试验材料与方法

1. 试验条件　选择位于海南儋州试验场三队的开割胶园，选择树龄 30 年以上，正常开割的 30 株健康的橡胶树，进行电动割胶刀切割实测试验。

2. 试验方法　使用皮尺测量橡胶树的树围、割线长度；使用直尺测量橡胶树的树皮厚度；使用游标卡尺测量用电动割胶刀切割树皮的耗皮量；使用秒表记录单株切割时间；使用数字万用表、接线端子、便携式计算机记录电动割胶刀切割实测试验中电流变化，包括空载电流、负载最小电流、负载最大电流、负载平均电流；每次切割时，电动割胶刀先启动 5s 以上，确保电动割胶刀启动进入稳定状态后，再进行切割试验；参照《橡胶树割胶技术规程》（NY/T 1088—2020）进行割胶试验，如图 4-48 所示。

图 4-48　便携式电动割胶刀割胶试验现场

(二) 试验结果与分析

1. 树围和割线长度　试验选择的 30 株橡胶树的树围均在

600mm 以上，平均树围约为 791mm。30 株橡胶树均为 1/2 割线，平均割线长度约为 406mm。橡胶树的树围和割线长度如图 4-49 所示。

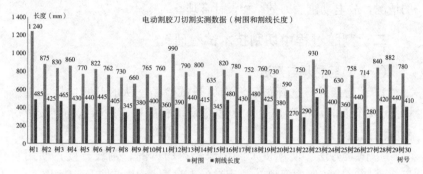

图 4-49　橡胶树的树围和割线长度

2. 树皮厚度和耗皮量　选择的 30 株橡胶树平均树皮厚度约为 7.4mm，电动割胶刀切割树皮平均耗皮量为 2.19mm。橡胶树树皮厚度和电动割胶刀切割树皮耗皮量如图 4-50 所示。

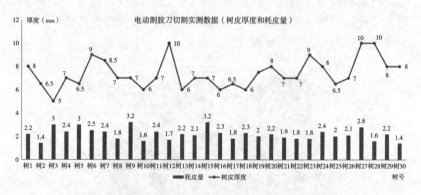

图 4-50　树皮厚度和电动割胶刀切割树皮耗皮量

3. 切割时间　每株橡胶树的电动割胶刀切割时间与割线长度成正比，平均每株橡胶树的切割时间是 13s。橡胶树的电动割胶刀切割时间如图 4-51 所示。

4. 切割电流　电动割胶刀割胶过程中，电流随时间的变化包括两段，第一段为空载时电流随时间的变化，第二段为切割时电流随时间的变化，不同橡胶树切割电流变化形状基本一致。每次切割时，电

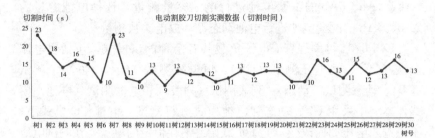

图 4-51　橡胶树的电动割胶刀切割时间

动割胶刀先启动 5s 以上，电动割胶刀启动进入稳定状态后，进行切割试验。

电动割胶刀切割实测试验中电流包括空载电流、负载最小电流、负载最大电流、负载平均电流，其平均值分别为 0.64A、0.88A、1.64A、1.29A。空载电流比较稳定，负载最大电流和负载最小电流受负载影响有波动，总体较为稳定。在试验过程中，待机电流为 0.029A，最大负载电流不超过 2A。电动割胶刀切割实测试验中电流如图 4-52 所示。

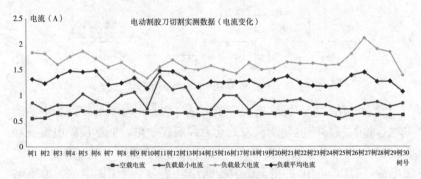

图 4-52　电动割胶刀切割实测试验中电流

（三）电池的供电技术试验研究

1. 试验材料与方法

（1）电动割胶刀配套电池测试仪器与线路连接方法。选择型号为 DCL6104 的可编程直流电子负载及其配套数据监测软件为测试仪器，选择 4GXJ-1 型电动割胶刀配套电池为测试样品，选择电池容量为

2Ah、4Ah、6Ah 的配套电池进行电池容量测量，选择电池容量为 2Ah、6Ah 的配套电池进行电池动态循环放电次数测量。

DCL6104 可编程直流电子负载共有 7 种测试模式，包括恒电流测试（CC）、恒电压测试（CV）、恒电阻测试（CR）、恒功率测试（CP）、动态测试（动态）、列表测试（列表）和电池测试（电池）模式。本文中采用 CC、动态和电池模式进行测试。电池 CC 模式下，不论输入电压如何改变，电子负载始终消耗恒定的电流，在测试电池的容量时，电压会随着放电时间的增加出现下降的情况，需要设置截止电压，当电池放电到截止电压时，电子负载自动停止带载；在动态 CC 模式下，用户设定低位电流值和高位电流值，负载会连续地在低位电流和高位电流两个值之间来回切换电流值，动态循环到截止电压时，电子负载自动停止带载。电动割胶刀配套电池测试线路连接如图 4-53 所示。

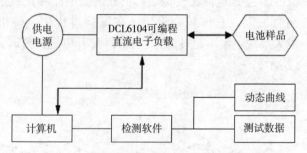

图 4-53　电动割胶刀配套电池测试线路连接

（2）电动割胶刀配套电池容量测试方法。电动割胶刀配套电池的电池容量直接影响电动割胶刀的动力和割胶效果，能够反映电池在割胶过程中的使用时间和可靠性。测量电池容量时，2Ah 的电池为镍镉电池，4Ah、6Ah 的电池为磷酸铁锂电池，一般镍镉电池的放电电流为 1C，磷酸铁锂电池的放电电流为 0.2C。综上考虑，2Ah、4Ah、6Ah 的配套电池的放电电流分别设置为 2A、1A、1.2A，截止电压分别设置为 8.1V、8.25V、8.8V。

先将待测试电池充满电，再连接好电路，将可编程直流电子负载设置为电池 CC 模式，输入放电电流和截止电压，测量数据每隔 1s 保存 1 次，同时开启远程 LOCAL 模式，进行电池容量测试，测试历史数据可以以 Excel 格式导出。电池容量测试过程中不能中断，一旦发生中断，需把电池充满电后重新测试。

（3）电动割胶刀配套电池动态循环放电次数测试方法。电动割胶刀配套电池动态循环放电次数测量直接关系到一块满电电池能连续切割橡胶树的数量，一般一个天然橡胶胶工的割胶树位为 300～500 株，如果一把电动割胶刀只配套一块电池，则这块电池满电后至少应能保证一个割胶树位的工作量，否则应配套两块电池。

2Ah 的电池以空载电流 0.03A 放电 15s，以负载电流 3A 放电 15s，设置截止电压为 8.1V，进行动态循环测试。6Ah 的电池截止电压设置为 8.8V，空载电流/负载电流分别设置为 1.5A/5A、1.5A/3A、0.5A/3A、0.03A/3A，均以空载电流持续放电 15s、负载电流持续放电 15s 的循环模式，测试动态循环次数。电池动态测试过程不能中断，一旦发生中断，需把电池充满电后重新测试。

2. 试验结果与分析

（1）电动割胶刀配套电池容量。对电池容量标识为 2Ah 的配套电池进行电池容量测试，放电截止电压设置为 8.1V，采用 2A 电流进行恒流放电，当电压为 8.798V、容量为 1.857Ah 时，出现欠压，电池停止放电。实测容量小于电池容量，且电压未降至截止电压，就出现停止放电现象，说明电池电芯一致性不好，且容量不足。2Ah 电动割胶刀配套电池容量测试结果如图 4 - 54 所示。

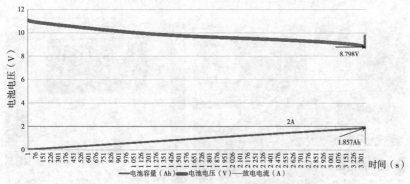

图 4 - 54　2Ah 电动割胶刀配套电池容量测试结果

对电池容量标识为 4Ah 的配套电池进行电池容量测试，放电截止电压设置为 8.25V，采用 1A 电流进行恒流放电，当电压为 9.68V、容量为 3.858Ah 时，出现欠压，电池停止放电。实测容量小于电池容量，且电压未降至截止电压，就出现停止放电现象，说明电池电芯一致性不好，且容量不足。4Ah 电动割胶刀配套电池容量测试结果如图 4-55 所示。

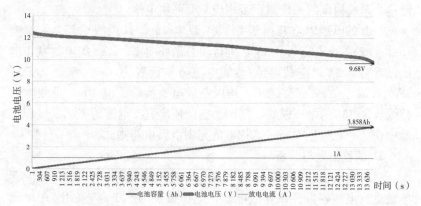

图 4-55　4Ah 电动割胶刀配套电池容量测试结果

对电池容量标识为 6Ah 的配套电池进行电池容量测试，放电截止电压设置为 8.8V，采用 1.2A 电流进行恒流放电，电池容量测试值为 6.19Ah。实测容量大于电池容量，电池电芯一致性好，且容量足。6Ah 电动割胶刀配套电池容量测试结果如图 4-56 所示。

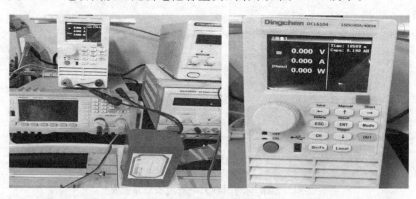

图 4-56　6Ah 电动割胶刀配套电池容量测试结果

（2）电动割胶刀配套电池动态循环放电次数。对电池容量标识为 6Ah 的配套电池进行动态循环放电次数测试，一般割胶过程中，两株橡胶树之间步行约 15s，割一株橡胶树时间约为 15s，步行过程中电动割胶刀带电状态为空载状态，割胶过程中电动割胶刀带电状态为负载状态，动态循环放电次数即割胶株数。本测试在恒流动态模式下，分别设置 4 种不同参数模式进行测试，模拟电动割胶刀在持续供电的情况下，以空载状态运行 15s、负载状态运行 15s 为一个完整循环，进行动态循环放电次数测试。测试结果为：空载电流/负载电流为 1.5A/5A 的动态循环放电次数为 227 次，空载电流/负载电流为 1.5A/3A 的动态循环放电次数为 332 次，空载电流/负载电流为 0.5A/3A 的动态循环放电次数为 427 次，空载电流/负载电流为 0.03A/3A 的动态循环放电次数为 494 次。结果显示：空载电流/负载电流为 0.03A/3A 的动态循环放电模式为电动割胶最节约耗电模式，6Ah 容量的电池能够满足一个割胶树位的电动割胶耗电需求。4 种模式下 6Ah 电池动态循环放电次数测试结果如图 4-57 所示。

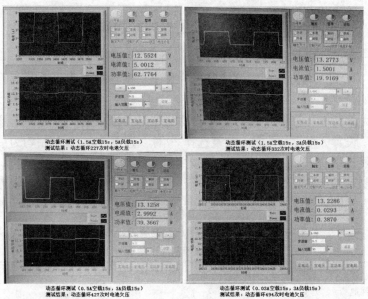

图 4-57　4 种模式下 6Ah 电池动态循环放电次数测试结果

同种参数设置模式下，对电池容量标识为 6Ah、2Ah 的配套电池分别进行动态循环放电次数测试，以空载电流 0.03A 持续放电 15s、负载电流 3A 持续放电 15s 为一个放电周期，6Ah 电动割胶刀配套电池的动态循环放电次数为 494 次，2Ah 电动割胶刀配套电池的动态循环放电次数为 152 次。6Ah 电池的容量是 2Ah 电池的 3 倍，动态循环放电次数是 2Ah 电池的 3.25 倍。6Ah 和 2Ah 电动割胶刀配套电池动态循环放电次数测试结果如图 4 - 58 所示。

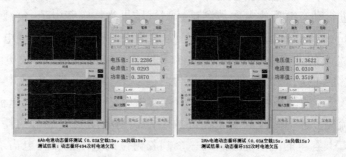

图 4 - 58　6Ah 和 2Ah 电动割胶刀配套电池动态循环放电次数测试结果

三、大田割胶效果和产胶特性的影响研究

（一）试验材料与方法

1. 材料与方法　试验橡胶树为位于中国热带农业科学院试验农场的热研 8-79（20 龄）、热研 7-33-97（14 龄）、PR107（23 龄）3 个品系橡胶树。每一品系均设置电动割胶刀和推式割胶刀两种工具割胶，设置 2 个重复，每一重复选择 30 株（连割 4 刀），割制均为单阳线隔日割（↓s/2、d/2）。为了减少树体误差对试验结果的影响，两种割胶工具采胶均在同一时间进行，采用电动割胶刀与推式割胶刀轮换方式进行割胶，如表 4 - 6 所示。

表 4 - 6　3 个橡胶树品系电动割胶刀与推式割胶刀
轮换方式小规模割胶试验设计

品系	热研 8-79（20 龄）		热研 7-33-97（14 龄）		PR107（23 龄）	
样地	I	II	I	II	I	II
第 1 刀	电动割胶刀	推式割胶刀	电动割胶刀	推式割胶刀	电动割胶刀	推式割胶刀

（续）

品系 样地	热研 8-79（20 龄）		热研 7-33-97（14 龄）		PR107（23 龄）	
	I	II	I	II	I	II
第 2 刀	推式割胶刀	电动割胶刀	推式割胶刀	电动割胶刀	推式割胶刀	电动割胶刀
第 3 刀	电动割胶刀	推式割胶刀	电动割胶刀	推式割胶刀	电动割胶刀	推式割胶刀
第 4 刀	推式割胶刀	电动割胶刀	推式割胶刀	电动割胶刀	推式割胶刀	电动割胶刀

　　品系热研 8-79、热研 7-33-97，传统推刀割胶由一个有 8 年割胶经验、技术等级为一级的胶工割胶；品系 PR107，传统推刀割胶由一个有 4 年割胶经验、技术等级为一级的胶工割胶。电动割胶刀割胶由比较熟悉机械性能及操作，基本了解采胶生理标准要求，但未接受过任何割胶技术培训的橡胶研究所电动割胶刀科研人员实施。

　　2. 数据收集及分析方法

　　（1）排胶初速度。每一处理均选择 9 株样树，每株割胶收刀后立即计时，连续收集 5min 内胶乳产量，连续测 4 刀次，取平均值。

　　（2）干胶产量。在割完胶后 2.5h，收集每一处理的鲜胶水并称重。同时混匀后取样，用 RH2010SF-1 型胶乳干含测定仪测定干含，每一样品测定 3 次，取平均值，计算得出干胶产量。

　　（3）耗皮量。在每天割胶时，随机选择各处理内 10 株胶树割胶后的树皮，采用游标卡尺对树皮厚度进行测定。

　　（4）胶乳灰分。分别收集推式割胶刀和电动割胶刀割胶后的胶乳。胶乳经低温初灰化后，再经 520～550℃高温灰化，将有机物烧尽，剩下部分为金属元素的氧化物即是灰分，放入干燥剂至恒重，对灰分进行测定。连续测定 3 次，取平均值。

　　（5）伤树率。收胶完后，由一级胶工检查、统计两种工具的伤树情况。特伤伤口为 0.4cm×1cm，小伤伤口为 0.25cm×0.25cm，大伤伤口介于特伤和小伤之间。伤树率＝（特、大、小）伤口总数/有效割胶株数×100%。

　　（6）有效皮。选择样地内茎粗生长较均匀的 3 株橡胶树，测量割线长度。由同一胶工分别用推式割胶刀和电动割胶刀割胶，各割 15 刀次，记录每刀次切割树皮总片数、无效胶片数，测量切割下树皮拼接后的总长度。有效皮率＝（切割树皮总片数－无效皮片数）/切割树皮总片数×100％。有效切割率＝胶线总长度/切割下树皮总长度×100％。

（7）割胶效率。选择样地内茎粗生长较均匀的 3 株橡胶树，由同一胶工分别用推式割胶刀和电动割胶刀各割 15 刀次，记录每一刀次的时间；记录大树位（200 株）胶工割完胶树的总时间。参照记录的有效割胶时间，比较两种采胶工具的割胶效率。

（8）数据处理。试验数据用 Excel 作图、用 SAS9.0 统计软件进行差异显著性分析。

（二）试验结果与分析

1. 排胶初速度　各品系排胶初速度测定结果见图 4 - 59 至图 4 - 61。由图 4 - 59 可以看出，以热研 8-79 为研究对象，采用电动割胶刀连续割 4 刀的排胶初速度（以每 5min 计）分别为 6.27ml、8.16ml、7.29ml、7.48ml，平均值约为 7.30ml；采用推式割胶刀连续割 4 刀的排胶初速度（以每 5min 计）分别为 6.49ml、5.93ml、7.11ml、5.14ml，平均值约为 6.17ml。结果显示，采用电动割胶刀割胶比采用推式割胶刀割胶的平均排胶初速度高约 18.31％，差异显著（$P < 0.05$）。

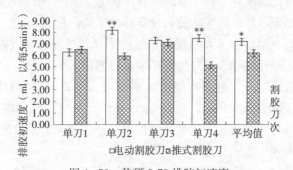

图 4 - 59　热研 8-79 排胶初速度

注 "＊" 代表 "差异显著"，"＊＊" 代表 "差异极显著"，本章余后图同。

由图 4 - 60 可以看出，以热研 7-33-97 为研究对象，采用电动割胶刀连续割 4 刀的排胶初速度（以每 5min 计）分别为 7.12ml、8.79ml、7.50ml、7.36ml，平均值约为 7.69ml；采用推式割胶刀连续割 4 刀的排胶初速度（以每 5min 计）分别为 5.48ml、7.36ml、7.42ml、6.32ml，平均值约为 6.65ml。结果显示，采用电动割胶刀

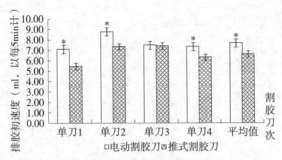

图 4 - 60 热研 7-33-97 排胶初速度

割胶比采用推式割胶刀割胶的平均排胶初速度高约 15.64%,差异显著($P < 0.05$)。

由图 4 - 61 可以看出,以 PR107 为研究对象,采用电动割胶刀连续割 4 刀的排胶初速度(以每 5min 计)分别为 10.54ml、8.46ml、10.58ml、8.07ml,平均值约为 9.41ml;采用推式割胶刀连续割 4 刀的排胶初速度(以每 5min 计)分别为 6.62ml、9.41ml、7.01ml、10.22ml,平均值约为 8.32ml。结果显示,采用电动割胶刀割胶比采用推式割推刀割胶的平均排胶初速度高约 13.10%,但差异不显著。

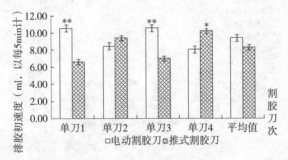

图 4 - 61 PR107 排胶初速度

2. 干胶产量 各品系干胶产量测定结果见图 4 - 62 至图 4 - 64。由图 4 - 62 可以看出,以热研 8-79 为研究对象,采用电动割胶刀连续割 4 刀的干胶产量分别为 2 236.15g、1 912.36g、1 859.67g、1 627.14g,连续割 4 刀干胶总产量为 7 635.32g;采用推式割胶刀连续割 4 刀的干胶产量分别为 1 997.36g、1 511.48g、1 478.26g、1 601.23g,连续割 4 刀干胶总产量为 6 588.33g。结果显示,采用电动割胶刀割胶比采用推

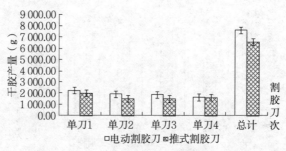

图 4 - 62　热研 8-79 干胶产量

式割胶刀割胶的干胶产量高约 15.89%，但差异不显著。

由图 4 - 63 可以看出，以热研 7-33-97 为研究对象，采用电动割胶刀连续割 4 刀的干胶产量分别为 2 297.96g、2 245.94g、1 554.48g、1 326.88g，连续割 4 刀干胶总产量为 7 425.26g；采用推式割胶刀连续割 4 刀的干胶产量分别为 2 294.43g、1 843.41g、1 168.62g、1 166.94g，连续割 4 刀干胶总产量为 6 473.40g。结果显示，采用电动割胶刀比采用推式割胶刀割胶的干胶产量高约 14.70%，差异显著（$P < 0.05$）。

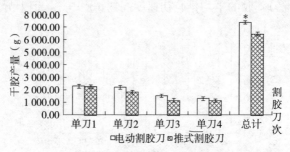

图 4 - 63　热研 7-33-97 干胶产量

由图 4 - 64 可以看出，以 PR107 为研究对象，采用电动割胶刀连续割 4 刀的干胶产量分别为 1 218.16g、1 148.30g、1 262.44g、831.19g，连续割 4 刀干胶总产量为 4 460.09g；采用推式割胶刀连续割 4 刀的干胶产量分别为 764.12g、1 149.02g、838.40g、930.85g，连续割 4 刀干胶总产量为 3 682.39g。结果显示，采用电动割胶刀割胶比采用推式割胶刀割胶的干胶产量高约 21.12%，但差异不显著。

热研 8-79、热研 7-33-97、PR107 在同一样地、不同割胶方式下，

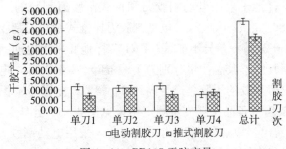

图 4-64　PR107 干胶产量

以及各品种各样地的干胶总产量测定结果如图 4-65 所示。热研 8-79 样地Ⅰ采用电动割胶刀和推式割胶刀割胶的干胶总产量分别为 4 148.5g、3 508.8g，电动割胶刀比推式割胶刀割胶的干胶总产量高约 18.23%，差异不显著；热研 8-79 样地Ⅱ采用电动割胶刀和推式割胶刀割胶的干胶总产量分别为 3 486.8g、3 079.5g，电动割胶刀比推式割胶刀割胶的干胶总产量高约 13.23%，差异不显著。

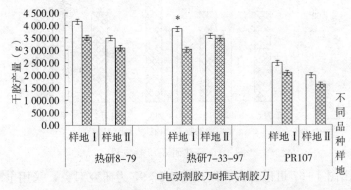

图 4-65　不同割胶方式下各品种各样地的干胶总产量

　　热研 7-33-97 样地Ⅰ采用电动割胶刀和推式割胶刀割胶的干胶总产量分别为 3 852.4g、3 010.3g，电动割胶刀比推式割胶刀割胶的干胶总产量高约 27.97%，差异显著（$P < 0.05$）；热研 7-33-97 样地Ⅱ采用电动割胶刀和推式割胶刀割胶的干胶总产量分别为 3 572.8g、3 463.1g，电动割胶刀比推式割胶刀割胶的干胶总产量高约 3.17%，差异不显著。

PR107 样地Ⅰ采用电动割胶刀和推式割胶刀割胶的干胶总产量分别为 2 480.6g、2 079.9g，电动割胶刀比推式割胶刀割胶的干胶总产量高约 19.27%，差异不显著；PR107 样地Ⅱ采用电动割胶刀和推式割胶刀割胶的干胶总产量分别为 1 979.5g、1 602.5g，电动割胶刀比推式割胶刀割胶的干胶总产量高约 23.53%，差异不显著。

3. 耗皮量 各品系耗皮量测定结果见图 4-66 至图 4-68。由图 4-66 可以看出，以热研 8-79 为研究对象，采用电动割胶刀连续割 4 刀的耗皮量分别约为 1.38mm、1.39mm、1.39mm、1.38mm，平均值约为 1.39mm；采用推式割胶刀连续割 4 刀的耗皮量分别为 1.40mm、1.40mm、1.41mm、1.40mm，平均值约为 1.40mm。结果显示，采用电动割胶刀割胶比采用推式割胶刀割胶的耗皮量平均值低约 0.01mm，约占 0.71%，差异不显著。

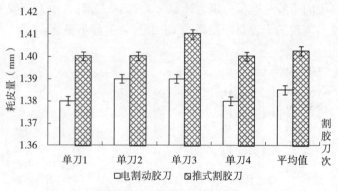

图 4-66 热研 8-79 耗皮量

由图 4-67 可以看出，以热研 7-33-97 为研究对象，采用电动割胶刀连续割 4 刀的耗皮量分别为 1.32mm、1.33mm、1.32mm、1.33mm，平均值约为 1.33mm；采用推式割胶刀连续割 4 刀的耗皮量分别为 1.34mm、1.34mm、1.34mm、1.35mm，平均值约为 1.34mm。结果显示，采用电动割胶刀割胶比采用推式割胶刀割胶的耗皮量平均值低约 0.01mm，约占 0.75%，差异不显著。

由图 4-68 可以看出，以 PR107 为研究对象，采用电动割胶刀连续割 4 刀的耗皮量分别为 1.51mm、1.53mm、1.52mm、1.53mm，平均值约为 1.52mm；采用推式割胶刀连续割 4 刀的耗皮量分别为

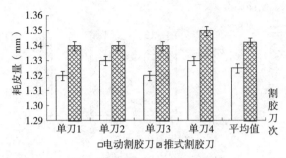

图 4-67　热研 7-33-97 耗皮量

1.53mm、1.54mm、1.54mm、1.55mm，平均值约为 1.54mm。结果显示，采用电动割胶刀割胶比采用推式割胶刀割胶的耗皮量平均值低约 0.02mm，约占 1.30%，差异不显著。

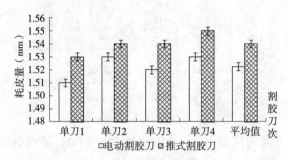

图 4-68　PR107 耗皮量

4. 灰分测定　各品系灰分测定结果见图 4-69 至图 4-71。由图 4-69 可以看出，以热研 8-79 为研究对象，采用电动割胶刀连续割 3 刀的胶乳粗灰分分别为 3.73%、4.51%、3.74%，平均值约为 3.99%；采用推式割胶刀连续割 3 刀的胶乳粗灰分分别为 3.83%、4.57%、4.77%，平均值约为 4.39%。结果显示，采用电动割胶刀割胶比采用推式割胶刀割胶的胶乳粗灰分平均值低约 0.40%，差异不显著。

由图 4-70 可以看出，以热研 7-33-97 为研究对象，采用电动割胶刀连续割 3 刀的胶乳粗灰分分别为 2.13%、2.52%、1.83%，平均值约为 2.16%；采用推式割胶刀连续割 3 刀的胶乳粗灰分分别为 2.14%、1.77%、2.04%，平均值约为 1.98%。结果显示，电动割胶

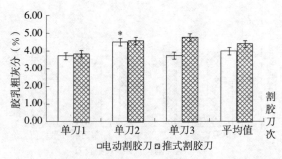

图 4 - 69　热研 8-79 胶乳粗灰分

刀割胶比推式割胶刀割胶的胶乳粗灰分平均多约 0.18%，差异不显著。

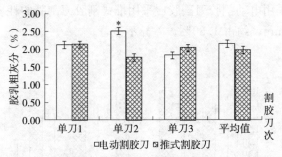

图 4 - 70　热研 7-33-97 胶乳粗灰分

由图 4 - 71 可以看出，以 PR107 为研究对象，采用电动割胶刀连续割 3 刀的胶乳粗灰分分别为 2.17%、1.48%、2.22%，平均值约为 1.96%；采用推式割胶刀连续割 3 刀的胶乳粗灰分分别为 1.56%、2.06%、1.48%，平均值约为 1.70%。结果显示，采用电动割胶刀割胶

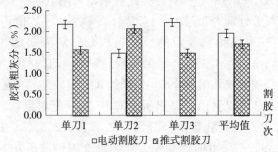

图 4 - 71　PR107 胶乳粗灰分

比采用推式割胶刀割胶的胶乳粗灰分平均值多约 0.26%，差异不显著。

5. 伤树率　由表 4-7 可以看出，电动割胶刀较推式割胶刀伤树率略高，但均在生产允许范围，两种采胶工具差异不显著，主要原因是有 2 名电动割胶刀操作者是新手，使用电动割胶刀仅数天，而使用推式割胶刀的胶工全是具有多年实践经验的一级胶工。

表 4-7　两种采胶工具伤树率统计

品系	有效株	电动割胶刀伤树				传统胶刀伤树			
		特级伤	大伤	小伤	小计	特级伤	大伤	小伤	小计
热研 8-79	60	0	3	2	5	0	3	1	4
热研 7-33-79	60	0	1	3	4	0	0	2	2
PR107	60	0	0	2	2	0	1	2	3

6. 有效皮　3 种橡胶树的两种不同割胶方式的树皮总长度、有效皮率、有效切割率见图 4-72 至图 4-74。由图 4-72 可以看出，橡胶树 I 的电动割胶、推式割胶的树皮总长度分别是 35.60cm、46.60cm，橡胶树 II 的电动割胶、推式割胶的树皮总长度分别是 33.63cm、42.60cm，橡胶树 III 的电动割胶、推式割胶的树皮总长度分别是 34.07cm、46.80cm，3 种橡胶树的电动割胶、推式割胶的树皮总长度平均值分别是 34.43cm、45.33cm，差异均极显著（$P <$ 0.01）。橡胶树 I、II、III 的电动割胶比推式割胶的树皮总长度分别短约 23.61%、21.60%、27.20%，平均短约 24.05%，电动割胶的树皮总长度极短于推式割胶。

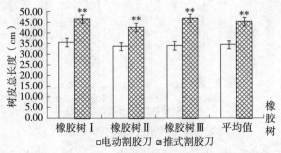

图 4-72　3 种割胶树树皮的总长度

由图 4-73 可以看出，橡胶树Ⅰ的电动割胶、推式割胶的有效皮率分别是 100％、90.01％，橡胶树Ⅱ的电动割胶、推式割胶的有效皮率分别是 100％、87.61％，橡胶树Ⅲ的电动割胶、推式割胶的有效皮率分别约是 100％、90.93％，3 种橡胶树的电动割胶、推式割胶的有效皮率平均值分别是 100％、89.52％，差异极显著（$P < 0.01$），电动割胶的有效皮率极高于推式割胶。

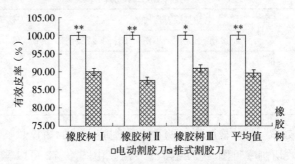

图 4-73　3 种割胶树的有效皮率

由图 4-74 可以看出，橡胶树Ⅰ的电动割胶、推式割胶的有效切割率分别是 99.73％、77.58％，橡胶树Ⅱ的电动割胶、推式割胶的有效切割率分别是 99.31％、78.61％，橡胶树Ⅲ的电动割胶、推式割胶的有效切割率分别是 100.17％、72.90％，3 种橡胶树的电动割胶、推式割胶的有效切割率平均值分别约是 99.74％、76.36％，差异显著（$P < 0.05$），电动割胶的有效切割率明显高于推式割胶。

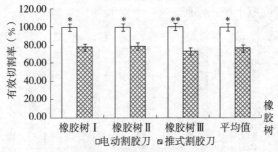

图 4-74　3 种割胶树的有效切割率

7. 割胶效率　由图 4-75 可以看出，橡胶树Ⅰ的电动割胶、推式割胶平均时间分别是 10.34s、13.30s，橡胶树Ⅱ的电动割胶、推式

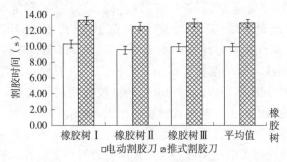

图 4-75　3 种割胶树的割胶时间

割胶平均时间分别是 9.57s、12.55s，橡胶树Ⅲ的电动割胶、推式割胶平均时间分别是 9.92s、12.99s，3 种橡胶树的电动割胶、推式割胶时间平均值分别约是 9.94s、12.95s，差异均不显著。橡胶树Ⅰ、Ⅱ、Ⅲ的电动割胶时间比推式割胶时间分别缩短约 22.25%、23.75%、23.63%，平均缩短约 23.24%。

8. 结论与讨论　本研究通过将便携式电动割胶刀与推式割胶刀割胶相比分析发现，4GXJ-1 型电动割胶刀割胶速度较快、割胶操作难度低、劳动强度低，对提升橡胶产量和割胶劳动效率等方面有积极作用。

在割胶效果方面，4GXJ-1 型电动割胶刀割胶速度快、切割树皮总长度小、割胶操作技术难度有所降低。借助机械动力，割胶时间平均缩短约 23.24%，有效节省胶工体力，提升胶工割胶效率；其割胶深度和耗皮厚度由机械结构精准控制，减少了对胶工的技术依赖以及胶工自身的疲劳感，进一步提升了割胶效率。4GXJ-1 型电动割胶刀割胶比推式割胶的树皮总长度平均短约 24.05%，其割胶方式重刀、回刀少，有效切割率明显高于推式割胶。3 个品系采用 4GXJ-1 型电动割胶刀的割胶树皮总长度极显著小于、有效皮率极显著大于、有效切割率显著大于使用推式割胶刀，其余参数差异均不明显。

在产胶特性方面，电动割胶刀更有利于产胶。热研 8-79 样地Ⅰ、样地Ⅱ采用电动割胶刀割胶比推式割胶刀割胶的干胶产量分别高约 18.23%、13.23%，热研 7-33-97 样地Ⅰ、样地Ⅱ采用电动割胶刀割胶比推式割胶刀割胶的干胶产量分别高约 27.97%、3.17%，PR107 样地Ⅰ、样地Ⅱ采用电动割胶刀割胶比推式割胶刀割胶的干胶产量分别高约 19.27％、23.53％。从测定结果来看，4GXJ-1 型电动割胶刀有效皮含量都比推式割胶刀高 10％～12.39％，其优化的刀片及切割方式，仅刀刃口与树皮接触，减少了刀身对割线乳管的摩擦和压迫，且回刀、重刀少，排胶初速度也较传统推刀分别高 13.10％～18.31％。胶乳粗灰分差异不显著，说明电动割胶刀割胶方式与推式割胶刀相比，不会污染胶水。本试验是在天然橡胶非生产期开展的，尽管试验得出的产量不代表正常的生产水平，但也反映了电动割胶刀与推式割胶刀对产排胶的影响规律。

研究结果表明：4GXJ-1 型电动割胶刀在割胶和产胶上都比推式割胶刀更具优势，为今后的推广应用打下了良好的基础。但本试验中还存在一些问题有待进一步研究。

（1）本试验选用割后 5min 内的胶乳用于计算排胶初速度，但胶乳排胶时间长，胶乳生理指标和排胶初速度随时间变化的差异较大，因此还需要进一步验证。

（2）因树皮硬度在本试验中未进行分析，电动割胶刀割胶对树皮硬度的要求还有待进一步观察和研究。

（3）新胶工在使用 4GXJ-1 型电动割胶刀割胶时，由于胶工操作不当，用力内靠、下压，仍发生伤树现象，主要是其导向器（限位保护装置）结构设计不科学，后期已进行了优化，最大限度地减少了因胶工操作不当导致的伤树发生。此外，4GXJ-1 型电动割胶刀虽然有易学、操作简单的特点，但仍需一定的操作技巧，胶工上岗前仍需培训，并严格按照操作规程作业。

（4）4GXJ-1 型电动割胶刀大面积推广使用及长时间使用对胶树产排胶的影响及机理，尚需要进一步深入研究。根据生产使用结果，今后需对 4GXJ-1 型电动割胶刀进行持续改进和优化升级。

第三节　便携式 4GXJ-2 型电动割胶刀的研发设计

一、总体设计与仿真验证

结合橡胶树的生物生长特性和天然橡胶收获对农机农艺的要求，

设计了适用于田间割胶作业的 4GXJ-2 型电动割胶刀的传动结构，重点研究了该结构进行的运动仿真和强度校核等内容，最后通过样机的制造与试验，研究内容为后期天然橡胶产业的收获机械化发展提供相应的技术支撑。根据仿真验证的结果，试制了该传动结构的样机，并进行了试验验证。本研究为天然橡胶机械化收获装备动力结构的设计提供了技术和理论参考。

（1）采用 Solid Works 软件技术，搭建了电动割胶刀的三维模型，利用 Adams 软件和 Solid Works 的 Simulation 插件，对电动割胶刀的传动结构进行了运动仿真分析与关键零件强度校核，获得了其物理值变化曲线与应力应变等云图，结果表明：在设定的参数仿真下，传动结构零件之间不存在相互干涉现象，运动和受力曲线变化平稳且具有周期性；关键零件的受力符合规定的取值范围，且远低于材料的屈服强度。

（2）根据仿真结果，试制了 4GXJ-2 型电动割胶刀动力结构样件，并在田间开展了试用试验，测试并验证了动力结构模型设计的合理性、运动仿真结果的正确性和可行性。

（3）与传统割胶刀相比，电动割胶刀具有独特的结构设计优势，割胶作业会更省时、省力，降低胶工操作学习的上手难度，减轻胶工的劳动强度与割胶难度，更有利于割胶作业。同时，传统割胶刀在割胶时需要先撕老胶线，或者不撕老胶线割胶但部分胶线粘连树干需要二次清理，使用电动割胶刀可以实现不撕老胶线割胶，可有效提升割胶效率。

（一）整体的结构组成

4GXJ-2 型电动割胶刀的零部件及其配件包括：电机固定座带轴承座、机构模块、右导向器、滑动轴承套、驱动叉、刀轴底座、弧形轴承偏心轴 0.6、左导向器、右外壳、左外壳、垫片 0.5、垫片 0.2、冷却风扇、护线卡簧、阶梯刀片下、阶梯刀片上、深沟球轴承 5mm×11mm×4mm、外圆弧轴承 5mm×16mm×5mm、深沟球轴承 9mm×20mm×6mm、深沟球轴承 9mm×17mm×5mm、开口挡圈 5（外径 5mm）、开口挡圈 4（外径 4mm）、内六角头螺栓带弹垫 M4×10、弹性圆柱销直槽轻型 3mm×8mm、卡簧 17（直径 17mm）、圆头螺钉 M3×8、平头螺钉 M3×16、标准型弹簧垫圈 3、十字槽断尾自攻螺栓 M2.6×8、内六角圆柱头螺钉 M2×（10-12.8）、电源公头工具端、电源线总成、电机 2212 980kV、电源总成、电调总成、零部件工具盒、内六角扳手 3.0mm、充电器、作业包、宽底左导向器、宽底右导向器等 40 多种。便携式电动割胶刀结构示意图如图 4-76 所示。

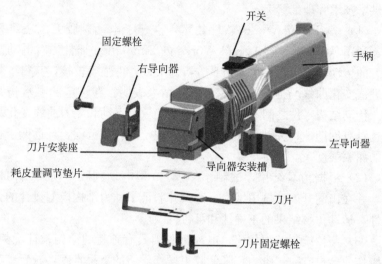

图 4-76　便携式电动割胶刀结构示意图

（二）工作原理

如图 4-77 所示，电源为外接式 4 000mA 电池，电动割胶刀的工作原理是将电机的旋转运动转换成刀片的往复切削式运动。偏心轴在无刷电机的旋转下做高速运动，轴外套有滚动轴承且与传动叉相切，绕着轴线转动形成圆柱副约束；在偏心距作用下滚动轴承做偏心圆周运动，并通过与传动叉的接触将其转换成平面的偏摆运动；由于传动叉与刀座为固定连接，进而形成刀片以刀座中心为固定点，在一定角度上的往复切削式运动，从而达到结构设计上的切割偏摆运动效果。运动形式的复杂性与振动方式的随机性，容易对机体结构造成不确定性的影响，有可能会影响电动割胶刀的正常使用性能，因此需要通过对传动结构做运动仿真分析，来了解关键零部件的运动过程和相应参数的变化情况，同时，也是为了验证电动割胶刀的设计合理性，对后期的结构优化和性能提升提供参照依据。

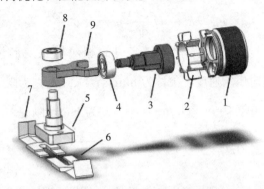

图 4-77 电动割胶刀传动结构爆炸图

1. 无刷电机 2. 散热叶片 3. 偏心轴
4. 滚动轴承 5. 刀座 6. 左刀片 7. 右刀片 8. 限位圈 9. 传动叉

（三）关键部件的结构设计

1. 刀片切割树皮的碰撞分析 当要进行割胶时，电动割胶刀刀片与橡胶树皮的接触碰撞示意过程如图 4-78 所示。假设两者碰撞前的瞬间速度分别为 $v_刀$、$v_{树皮}$，由于橡胶树是静止不动的，因此 $v_{树皮}$ 的值等于 0，而刀片与橡胶树树皮接触点处的曲率半径为 r_1。通过对电动割胶刀的操作规范、割胶时刀片与割线表面的割痕、形成的空间运动轨迹等方面观察，分析出：在割胶时刀片和橡胶树树皮割线面的接触碰撞属于低速碰撞，且碰撞过程连续，接触形态为点与点的小变形碰撞。因此，应用 Hertz 接触理论将刀片和橡胶树树皮割线面的碰撞接触简化为弹簧阻尼系统，碰撞过程分为压缩与弹性恢复阶段，且弹性碰撞发生在一个局部的接触区域内。

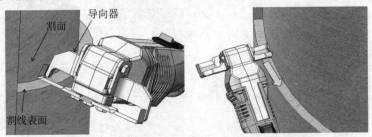

图 4-78 电动割胶刀在橡胶树上的割胶示意流程

由广义 Hertz 公式，物体碰撞力（金栋平等，2005）公式为

$$F = k\delta^n + D\frac{\mathrm{d}\dot{\delta}}{\mathrm{d}t} = k\delta^n + \lambda\delta\frac{\mathrm{d}\dot{\delta}}{\mathrm{d}t} \qquad \text{（式 4-13）}$$

式中，$n = 1.5$；δ 为物体碰撞时的相对压入变形量，单位为 mm；$\frac{\mathrm{d}\dot{\delta}}{\mathrm{d}t}$ 为相对压入速度，单位为 mm/s；D、λ 分别为阻尼系数和滞后阻尼系数，单位为 N/（mm·s^{-1}）；k 为 Herrt 刚度。

$$k = \frac{4}{3\pi(\sigma_1 + \sigma_2)} r^{1/2}, \quad \sigma_i = \frac{1-\nu_i}{\pi E_i}, \quad i = 1, 2$$

$$\text{（式 4-14）}$$

式中，E_1、E_2 分别为刀片与橡胶树树皮的弹性模量，单位为 N/mm^2；ν_1、ν_2 分别为刀片与橡胶树树皮的泊松比；σ_1、σ_2 分别为刀片与橡胶树树皮产生的应力；等效曲率半径 $r = r_1$。

由 Hunt 假设（丁彩红等，2020）可知，刀片和橡胶树树皮在碰撞期间的能量被阻尼耗散，碰撞过程损耗的能量等于图 4-79 所示滞后环积分所得的能量损失。

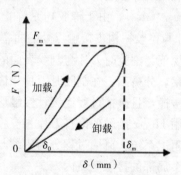

图 4-79　Hertz 接触力滞后环曲线

于是得到滞后阻尼系数 λ 和恢复系数 e 之间的关系为

$$\lambda = \frac{3}{4}\frac{k(1-e^2)}{\upsilon_{\text{刀}} - \upsilon_{\text{树皮}}} \qquad \text{（式 4-15）}$$

将式 4-15 代入式 4-13，化简得到刀片对橡胶树树皮的碰撞力为

$$F = k\delta^n\left[1 + \frac{3}{4}\frac{(1-e^2)}{\upsilon_{\text{刀}} - \upsilon_{\text{树皮}}}\frac{\mathrm{d}\dot{\delta}}{\mathrm{d}t}\right] \qquad \text{（式 4-16）}$$

2. 刀片的结构设计　电动割胶刀的刀片设计仿照传统割胶刀的结构形式来完成，能够在割深、割面、排胶等方面实现与传统割胶刀一样的作业效果，电动割胶刀的切割刀片整体呈现 L 形结构，与传统割胶刀的 V 形结构相似，如图 4 - 80 所示。

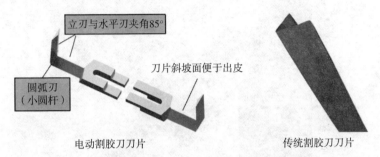

图 4 - 80　电动割胶刀刀片与传统割胶刀结构对比

刀片依据刀面结构可分为水平刃、圆弧刃、立刃，刀片在安装时依靠上下台肩配合进行对称布置，如图 4 - 81 所示。经过多次对比试验，发现立刃与水平刃的夹角为 85°角时，能够保证在割胶过程中，充分让水平刃、圆弧刃与树干、树皮接触，避免刀体过深切入树干，造成树皮的损伤和乳管挤压，影响排胶产量。水平刃的斜坡度为 15°角，在刀片的偏摆切削运动下，有利于让切下的树皮与割线截面分开，保持切割效果的一致性。

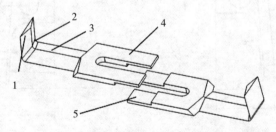

图 4 - 81　刀片结构与配合示意
1. 立刃　2. 圆弧刃　3. 水平刃　4. 上台肩　5. 下台肩

3. 导向器的结构设计　为了减少机械切削对树皮的损伤程度，在电动割胶刀的刀头处设计一组导向器，与刀片进行配合。在作业时，由于刀片是从树干上由外向内做径向运动，会不断地割破砂皮、粗皮、黄皮，如果不对刀片进行限位，最终会割向水囊皮乃至木质部并造成伤树。因此，导向器的设计有利于避免上述情况的发生，如图4-82和图4-83所示。

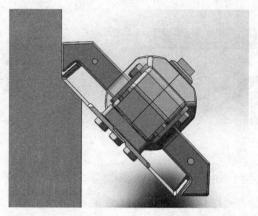

图4-82 导向器与刀片配合时的作业示意

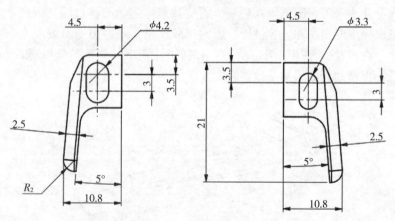

图4-83 导向器结构尺寸（mm）

4. 传动结构的设计 割胶刀片的偏摆运动依靠传动结构中的偏心轴来实现，具体的结构传动形式为：滚动轴承与偏心轴进行紧固配合安装，在电机的带动下，滚动轴承与驱动叉相互接触，最终实现整个刀头的偏摆运动效果，如图4-84所示。

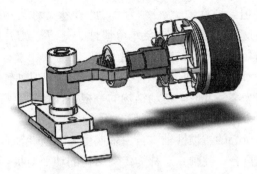

图 4 - 84　传动结构三维图

因此，传动结构各零件的设计与选型，对于整个机构的受力分析与运动稳定性尤为重要。当从开机到匀速旋转时，传动结构所受惯性力只有离心力 F，同时这个离心力对滚动轴承旋转中心产生力矩 T。离心力和力矩大小为

$$F = M \cdot e \cdot \omega^2$$
$$T = \omega^2 \cdot \vec{k} \cdot (I_{zx} \cdot \vec{i} + I_{yz} \cdot \vec{j})$$

（式 4-17）

式中：

　　F——轴承摆动产生的惯性力（N）；

　　M——滚动轴承的质量（kg）；

　　e——传动轴的偏心距（mm）；

　　ω——旋转角速度（rad/s）；

$\vec{i}$、$\vec{j}$、$\vec{k}$——x、y、z 轴方向上的单位矢量，$\vec{i}$、$\vec{j}$ 为刀盘径向方向，$\vec{k}$ 为刀轴轴线方向；

　　T——转轴产生的力矩（N/m）。

其中，$I_{zx} = \int_{zx} \mathrm{d}_m$ 为传动结构对 $z-x$ 轴的惯性积，d_m 为传动结构微小质量；$I_{yz} = \int_{yz} \mathrm{d}_m$ 为传动结构对 $z-y$ 轴的惯性积，这是度量传动结构的主惯性轴相对旋转轴线的倾斜程度量。

产生机械振动的根源是受到动载荷作用。若要使这些有害惯性力 F 和惯性力矩 T 变为 0，传动结构质量分布需满足下列两个条件。

一是偏心距 $e=0$，即传动结构质心在旋转轴上。此时，无论角

速度 ω 为任何值，惯性力 F 始终为 0，此种状态称为传动结构的静平衡状态。但这种状态下一般会残留惯性力矩 T，刀片摆动会受到与偏心轴相垂直的轴转动的力偶作用。

二是 $I_{zx}=I_{yz}=0$，即传动结构对与 z 轴（即刀轴轴线方向）相关的惯性积均为零。此时，传动结构的一根主惯性轴应与旋转轴相重合。由于 $I_{zx}=I_{yz}=0$ 已经包含了偏心距 $e=0$ 的条件，其结果也就是通过传动结构质心的主惯性轴（自由轴或中心主惯性轴）与切割刀片的摆动幅度相重合，此种状态称为传动结构的动平衡状态。如果传动结构能满足这一条件，那么刀片不受任何力和力偶作用，不存在动载荷作用，也就不会出现振动现象。

上述分析只是在理想状态下分析得到的结果，实际上传动结构联动刀片进行偏摆过程中会产生变形，传动结构的安装精度不够等都会产生偏心质量，从而产生振动。但是，研究时可以从这个方向出发，尽可能减小传动轴偏心距和传动结构对刀片的惯性积。

（四）运动特征仿真分析

为了能够直观了解电动割胶刀的结构运动过程，通过 Adams 软件对其进行运动学分析，施加相应的配合关系和参数，由此来仿真在实际条件下，电动割胶刀的工作运动情况。研究刚体的各种运动时，首先要建立刚体的运动方程，即从数学模型上描述刚体的运动，然后求刚体上各点的速度与加速度，并分析其运动特性。刚体上有无穷个点，因此，刚体运动学中特别重视研究在同一瞬时刚体上各点的速度或加速度的分布状况，以及它们之间的关系。

1. 参数设计与仿真模型建立　为了减少计算机的运算负荷并节约模拟时间，先将电动割胶刀的传动机构三维模型在 Solid Works 进行模型简化，并保存为 x_t 格式的通用文件，再导入 Adams 中进行运动学分析，传动机构的零件材料属性选取均为普通碳钢材质。

2. 驱动与约束条件的施加　根据电动割胶刀的运动方式，对传动结构模型添加对应的约束条件，如图 4-85 所示；具体的关键铰接点约束命名如表 4-8 所示。

图 4-85 电动割胶刀传动结构的约束模型

表 4-8 传动结构各零件间在 Adams 软件中的约束关系

零件一	零件二	约束类型
左刀片	右刀片	固定副
左刀片	刀座	固定副
右刀片	刀座	固定副
刀座	传动叉	固定副
刀座	限位圈	固定副
限位圈	固定座	固定副
传动叉	滚动轴承	线接触
滚动轴承	偏心轴	旋转副
偏心轴	固定座	旋转副

3. 传动机构的运动仿真与结果分析 为了观察传动结构的运动特征，可适当地延长仿真的时间和步数，在 Adams 软件的菜单界面中将仿真的运行参数设置如下，时间 20s、步长 2 000。在仿真运动过程中，通过测量可以得到传动机构各零件之间的实时运动特征，并输出相关的物理量变化曲线。

$$\omega = \frac{2v\theta}{d} \qquad (式 4\text{-}18)$$

电动割胶刀在作业时，在人手的操作下刀片以速度 v 沿着割线的开线轨迹螺旋开割。当割胶刀片切入树皮时，其刀刃依靠中心固定点，摆动一定角度 θ 来将树皮割下，从而达到割胶的效果，设定刀片的摆动距离为 d，则割胶刀片的角速度 ω 需满足公式 4-18 要求，用图形软件对割胶刀片的运动过程进行绘制，其运动轨迹如图 4-86 所示。

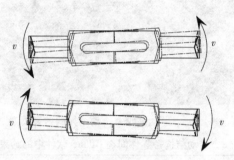

图 4-86　刀片偏摆的平面运动轨迹

　　刀片与传动叉的质心位移运动曲线平稳光滑，具有周期性、对称性的变化（图 4-87），这说明电动割胶刀的传动结构在工作时运行稳定，零件之间的配合没有干涉，从而实现了刀片有规律地偏摆。因此在整体结构的运动过程中，刀片的运行轨迹会较为平稳，没有产生太大的幅值波动，能够保障切割作业顺利进行，有利于维持切割面的平滑性和割线的流畅性。

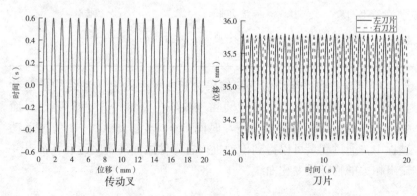

图 4-87　传动叉与刀片质心的位移运动幅值量

　　如图 4-88 和图 4-89 所示，传动结构分别选取在 9 000r/min、8 000r/min、7 000r/min 3 种不同转速下的运动状态，来分析偏心轴

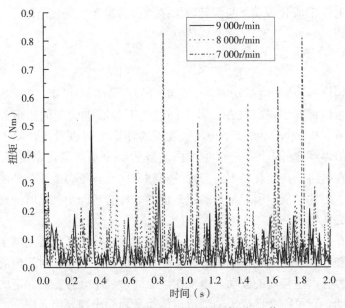

图 4 - 88　不同转速下偏心轴承受的扭矩值

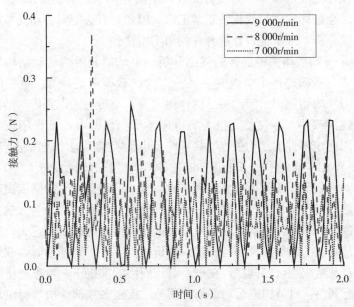

图 4 - 89　传动叉与滚动轴承接触面的接触力变化

承受的扭矩值和传动叉与滚动轴承接触面的接触力变化结果，根据扭矩公式：

$$9\,550 = \frac{P}{n} = T \qquad (\text{式 } 4\text{-}19)$$

（其中，P 为电机功率，n 为电机转速，T 为扭矩，9 550 为常数）可以计算出，电机在 3 种不同转速下偏心轴受到的扭矩分别为 0.2Nm、0.22Nm、0.25Nm，从数值的计算上可以看出，除了个别的峰值浮动之外，图 4-88 中的曲线数值变化基本覆盖在范围之内。由于在电机的高速旋转下，刀片的高频率摆动幅度会造成强烈的振动幅值，因此可能会引起某处的扭矩值增大，造成图中某处时间段的扭矩值突然增大。

在设定的仿真计算时间内，不同转速下，传动叉与滚动轴承产生的接触力呈现出周期性的幅值波动趋势特征，且在某段时间内的动态接触力会产生较大的波动，由于在接触的过程中会存在着一定的冲击与振动，有可能会造成滚动轴承与传动叉表面出现划痕，周期性的损伤累积可能会加速零件的疲劳失效，从而会产生较大的震动与噪声，严重时会破坏零件导致无法正常工作。因此，有必要对传动叉零件进行强度分析，来验证设计的合理性与实用性。

4. 传动机构关键部件的强度分析 电动割胶刀的传动结构较为复杂，在运动过程中会受到多种不定向的载荷影响，如：电机的扭矩、刀片的切割力、滚动轴承的作用力等，而传动叉则是传动结构的主要连接部件，不仅负责扭力的传递还承担切割力的反作用负载影响，因此该零件的结构强度直接影响着电动割胶刀的使用性能。通过 Solid Works 软件中的 Simulation 插件对其进行有限元分析。

网格划分是有限元分析过程中重要环节，节点个数的密度决定了在求解时的个体单元计算精度，如果网格划分过于稀疏，会影响分析的准确度，造成计算结果的误差较大；而网格划分的密度过大，则会增加计算机的运算负荷，延长求解分析时间。在求解开始时，软件平台会自动生成默认的网格，在采用默认网格的前提下，检查网格质量并进行调整，对结构进行局部细化调整，控制多零部件接触面组划分的精度。可将传动叉模型主要受力部位的网格密度进行细化，这样求解出的结果也就相对较好，最后共划分节点数14 896个，实体单元网格8 922个，如图4-90所示。在Solid Works的Simulation有限元分析插件中，对传动叉边界条件的施加约束方式，仍旧采用在Adams软件进行运动学分析的定义方式作为参考，限于文章篇幅，此处亦不再作描述。

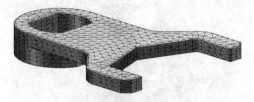

图4-90 传动叉网格划分

由强度分析的结果可以得知，如图4-91所示，传动叉在运动过程中受到的最大应力值为 $5.147 \times 10^3 \, \text{MPa}$，远小于材料的屈服强度 $2.206 \times 10^8 \, \text{MPa}$，应变与位移变形的最大值分别为 $1.328 \times 10^{-8} \, \text{mm}$、$5.149 \times 10^{-7} \, \text{mm}$，形变量比较小，可以忽略不计，因此，传动叉在高速摆动的过程中，虽然受到了多种不定载荷的相互影响，但是对于材料本身的物理特性而言，能够满足这样的使用条件。

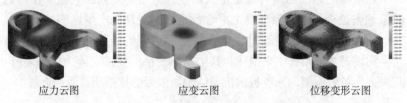

应力云图　　　　　应变云图　　　　　位移变形云图
图4-91 传动叉的强度分析结果

从零件的负载情况分析可以看出，传动叉无论是在受到的应力、应变或者是位移变形上，主要集中在叉头的两端表面或者是拐角处，叉尾处与中间处受到的影响较小，这是由于叉头两端与动力原件直接接触且设计尺寸较为狭长，造成应力的作用较为显著，叉尾与刀座进行固定约束，在摆动时能够将载荷进行传递，而传动叉中部的尺寸较为宽大，增加了受力的横截面积，因此能够很好地对载荷进行扩散，从而减小应力对于零件的影响。

传动叉工作后的表面效果如图4-92所示，传动叉与滚动轴承在经过长时间的相互剧烈接触摩擦后，在滚动轴承与叉体两端接触的内表面只出现小片刮痕，而传动叉整体结构并没有受到明显的损坏，具有较好的强度特征，因此该零件的结构设计满足实用性要求。

图 4-92　传动叉工作后的表面效果

5. 电动割胶刀的模态振型分析　在手传振动的影响下，电动割胶刀会在一定的范围内产生振幅变形。由于变形的激振源来自刀片的偏摆，而该运动形式是由内部传动结构进行高速运转产生的，因此在机壳上的振动变化会较为明显。基于 ANSYS Workbench 有限元软件下，对电动割胶刀进行固定形式的模态分析，来判断其在工作时的激振频率是否与固有频率发生重合，是否会对结构产生影响。

模态分析实质上是通过坐标变换把原物理坐标系统中的对应向量转换到模态坐标系统中来描述。其中坐标变换的变换矩阵为振型矩阵，其每列为各阶振型。采胶机的机架结构离散后的拉格朗日运动方程为

$$[M]\{\ddot{u}\}+[C]\{\dot{u}\}+[K]\{u\}=\{F(t)\} \quad （式 4\text{-}20）$$

式中，$[M]$ 为质量矩阵；$[C]$ 为阻尼矩阵；$[K]$ 为刚度矩阵；$\{u\}$ 为节点的位移矢量；$\{\ddot{u}\}$ 为节点的速度矢量；$\{\dot{u}\}$ 为节点的加速度矢量；$\{F(t)\}$ 为作用在结构上的外载荷形成的结构节点动载荷向量。

电动割胶刀机壳的固有频率与其结构的刚度和质量密切相关，为了避免机架在采胶作业过程中，整体结构由于受到动力源部件的作用而产生结构共振问题，必须对采胶机的机架进行模态分析。

电动割胶刀动力部分的驱动电机其最大输出转速为 12 000r/min，因此，驱动电机对机壳产生的激振频率可由以下公式求得

$$f = n/60 \qquad\qquad (\text{式 } 4\text{-}21)$$

式中，n 为电机工作时的最大输出转速，即 12 000r/min。将驱动电机的最大输出转速带入式 4-21 中，可以得到电动割胶刀机壳主体在工作时的最大激振频率为 200Hz，其频率大小不与任一模态频率重合，且远小于第一阶模态频率的 564.17Hz（表 4-9）。故电动割胶刀即便在最大转速下进行割胶作业，机壳主体也不会发生共振现象，因此所设的电动割胶刀具有较好的可靠性。

表 4-9　电动割胶刀机壳的模态变形描述

阶数	固有频率 （Hz）	极限转速 （r/min）	最大变形量 （mm）	变形位置
1	564.17	33 840	37.87	机壳的把手端
2	606.16	36 360	26.83	机壳的把手端与前端
3	624.02	37 440	40.65	机壳的把手端
4	683.98	40 980	33.25	机壳的前端
5	1 395.9	83 760	38.48	机壳的前端
6	1 955.6	117 300	48.62	机壳的把手端

在不同的振动频率下，机壳产生不同的变形程度，如图 4-93 所示，电动割胶刀机壳的模态变形主要产生在连接杆部位。这是由于该处连接杆较为细长，是整体部分的最薄弱处，在受到外界的振动影响时，产生的振幅会比较大，频率越高振动也就越大，产生的振幅也较为明显。但由于电动割胶刀机壳在实际工作时产生的激振频率远小于 1 阶模态的频率，因此在正常的割胶作业时，机壳的整体结构不会受到影响。

6. 散热叶片的轴流气动性能分析与优化设计　随着持续作业时长的增加，胶刀机体内部的发热问题会愈发明显，而散热叶片是有效降低电动割胶刀持续发热的关键零件，它的设计实用性能直接影响着传动结构的稳定性、割胶作业的流畅性与胶刀整体的使用性。在电动割胶刀作业时，产生的热量主要来自电机动能的损耗和结构零部件之间的摩擦，如果不及时传导到外部环境，将容易造成电机输出端的传

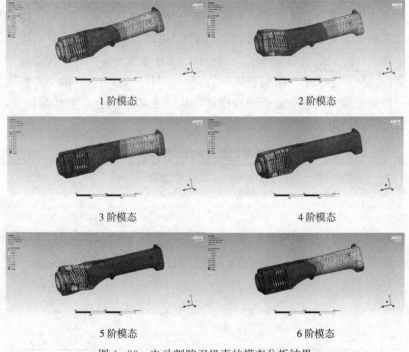

1 阶模态   2 阶模态

3 阶模态   4 阶模态

5 阶模态   6 阶模态

图 4 - 93   电动割胶刀机壳的模态分析结果

动主轴发生热变形，影响零部件之间的配合精度，导致割胶效果变差，同时影响胶工持续割胶的效率与舒适度。因此腔体内部环境温度的改善，是电动割胶刀改进的一个重要方面。

    本部分内容剖析了电动割胶刀散热叶片存在的问题，进行了结构优化设计。首先以原型散热叶片气流风量的测试数据为基准，建立了精确的散热叶片气动性能仿真模型。比较分析了多种散热叶片的设计方案，对产生的静压、涡量和气体流动轨迹等指标进行评估，从中选择较为优异的设计方案作为电动割胶刀散热叶片的优化参考依据。

    通过选取径向斜板式、曲向弧板式这两种类型的散热叶片，改变其安装角度、叶片数量与叶片型式，来与原先的径向直板式散热叶片进行对比。结果表明：结构优化过后的散热叶片在气流运动方向方面，能够更多地集中在电机出风口处，散热效果明显优于改装前；同样，静压与涡量的数值变化在电机出风口处也显著增强。总体来说，本次优化提高了散热叶片的工作性能，让降温的效果得到明显改善。

（五）散热叶片的热流场分析

1. 电机温度场的数学模型 根据传热学的基本理论，在直角坐标系下，电机额定负载运行时，求解域内三维稳态热传导方程有如下形式（冯海军等，2017）：

$$\frac{\partial}{\partial_x}\left(\lambda_x\frac{\partial T}{\partial_x}\right)+\frac{\partial}{\partial_y}\left(\lambda_y\frac{\partial T}{\partial_y}\right)+\frac{\partial}{\partial_z}\left(\lambda_z\frac{\partial T}{\partial_z}\right)=-q,$$

$$-\lambda\frac{\partial T}{\partial_n}=\alpha(T-T_f) \qquad (\text{式 4-22})$$

式中，T 为温度；λ_x、λ_y、λ_z 分别为 x、y 及 z 三个方向上的导热系数；q 为热源密度；n 为表面单位法向矢量；α 为散热系数；T_f 为环境温度。

2. 电机升温分析 根据电机的材料特性，若进行电机的三维温度场数值分析，需对电机整机进行三维建模，再通过添加相应的热源与边界条件，来模拟电机在额定功率下运行时产生的稳态温度场。定子、转子、机座、端盖等主要结构为电动割胶刀电机的组成部分，如图 4-94 所示。定子端部线圈为空间曲线建模，端部绝缘厚度薄，不易建模，数值计算时需考虑端部绝缘导热的影响，将定子端部线圈壁面设置成耦合壁面，给定绝缘厚度，设置成绝缘材料（曹飞等，2014）。电机温度场求解的设定条件包括：①对电机各部件进行材料属性设置，包括密度、比热容与导热系数等；②设定在标准大气压下

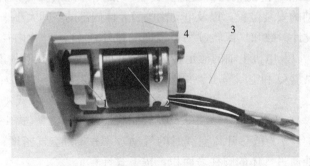

图 4-94 散热叶片的实物安装位置

1. 散热叶片　2. 无刷电机　3. 电源线　4. 电机支架

的环境温度为 40℃，电机的转速为9 000r/min；③假设电机各发热部件热源均匀分布，根据损耗计算热源强度。

电机表面的温度分布如图 4‐95 所示，电机壳体外部的升温呈现中间高、两端低的发展趋势，其原因是定子铁心与电机壳体的内部紧密接触，由于热传导的作用，定子部分在工作时会产生出较多的热量，以及转子部分通过气隙传递过来的热量都是通过定子铁心传递给机壳的，因此都向电机壳体外侧集中扩散；散热叶片侧的温度低于传动侧，主要原因是散热叶片在旋转时产生的气流是向外扩散的，因此能够带走集中于该处的热量；温升最低的地方出现在电机壳体的外部支架与电机的输出轴处。

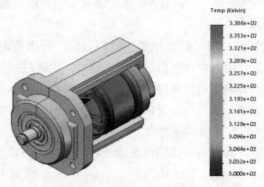

图 4‐95　电动割胶刀电机表面温度的分布情况

3. 散热叶片的气流密度计算分析　散热叶片的尺寸设计是根据电机主轴的安装位置，以及电动割胶刀腔体内部的空间大小来决定的，叶片的设计参数和气流轨迹则是根据叶片外径 D_1、叶片内径 D_2、叶片宽度 b 以及电机主轴的额定转速 n 来共同决定。散热叶片能够产生的最大风量 Q 和空载静压 p 可按下式计算（陈世坤等，2000）：

$$p = \eta \rho (u_2^2 - u_1^2) \qquad （式 4\text{-}23）$$
$$Q = 0.35 u_2 S \qquad （式 4\text{-}24）$$

式中，η 为散热叶片空载时的气动效率；ρ 为空气密度；S 为叶轮外径处通过气体的圆柱表面积，按下式计算：

$$S = 0.92 \pi D_1 b \qquad （式 4\text{-}25）$$

u_1、u_2 分别是散热叶片的轮毂内径、外径处的线速度，计算如下：

$$u_1 = n\pi D_2/60 \qquad\qquad (\text{式 4-26})$$

$$u_2 = n\pi D_1/60 \qquad\qquad (\text{式 4-27})$$

理论上分析，空气从电动割胶刀刀头前部的空隙吸入，经过散热叶片的高速旋转增压，形成高密度的气流并沿着电机的轴向逐步扩散溢出，在这个过程中将电机表面堆积的热量带走，从而达到冷却的效果，但也存在着动能的消耗与损失，因此流经电机表面的风量 Q_a 可依据下式进行相应折算（黄国治等，2004）：

$$Q_a = \sqrt{\frac{p}{Z_a}} \qquad\qquad (\text{式 4-28})$$

$$Z_a = 0.061\,2\left[\frac{1}{2A_{\text{in}}^2} + \frac{1}{2A_{\text{b}}^2} + \frac{1}{2A_{\text{out}}^2}\left(1 - \frac{A_{\text{out}}}{A_{\text{b}}}\right) + \frac{1}{A_{\text{out}}^2} + \frac{p}{0.061\,2Q_a^2}\right]$$

$$(\text{式 4-29})$$

式中：A_{in} 为气流入口面积；A_{out} 为气流出口面积；A_{b} 为气流的过流截面积。

4. 几何模型与求解设置　流体力学（Computational Fluid Dynamics, CFD）是以数值计算为基础，对流体的运动、传导、轨迹等进行分析的一种研究方法（曹晓畅等，2013）。散热叶片产生的风量对于电动割胶刀腔体内的降温有着重要影响，为了分析散热叶片的气流轨迹，基于 Solid Works 软件中的 Flow Simulation 流体插件，对电动割胶刀的腔体内部进行 CFD 计算流体动力学分析（陈健殷，2017）。

电动割胶刀腔体内部的流体求解几何模型如图 4-96 所示。把空气作为热量传递的冷却介质，并以不可压缩的流体方式进行处理。为了综合兼顾求解准确性和网格质量，在分析的前处理时可忽略模型的圆角、倒角等建模特征，并在空间结构区域上的进风处和出风处适当增

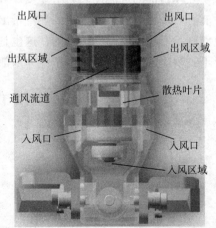

图 4-96　电动割胶刀腔体内部的三维模型

加风量的外延流体面积。

考虑到电动割胶刀散热系统的结构复杂性，并且有些零部件在建模时有着较多的曲面特征，因此在划分网格时需要对不同的部位采取不同的网格类型进行定义。散热叶片和通风流道部分结构不规则，采取四面体非结构化网格，且对通风流道处的内侧部位网格进行加密处理；进风区域与出风区域的几何形状较为规整，可以采取六面体的结构化网格划分方式。

电动割胶刀内部的计算域采用旋转效应 RNG $k-\varepsilon$ 湍流模型（韩占忠等，2004），k 为湍动能，ε 是湍流耗散率；壁面区为无滑移边界条件，近壁区采取标准壁面函数（王福军，2004）；进口边界条件为大气压入口，出口边界条件为大气压出口。由于散热叶片在高速旋转，因此模型中会出现动静结合面，把通风流道内的叶片简化为在某一位置的瞬时流场。转动区域的网格在计算时保持静止，在惯性坐标系中以作用的科氏力和离心力进行定常计算；而固定区域是在惯性坐标系里进行定常计算（黄栋等，2019），在这两个区域上的界限处交换惯性坐标系下的流体参数，从而保证了转动区域与固定区域的交界面连续性。

5. 计算结果分析　从图 4 - 97 中对现有电动割胶刀散热叶片的分析结果来看，由于散热叶片的原先设计是采用径向直板式的，这就导致了腔体内部的气流运动轨迹主要集中在散热叶片的垂向出风口处，不能有效地将电机表面产生的热量带出至机壳外侧，从而未达到降低电动割胶刀腔体内温度的目的，这也是目前电动割胶刀持续发热问题得不到解决的主要原因。由于腔体内部空间有限，且零部件结构的布

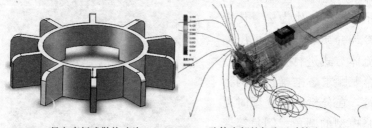

径向直板式散热叶片　　　　　　腔体内部的气流运动轨迹

图 4 - 97　电动割胶刀散热叶片的气体流场分析

局已经固定成型，因此从产品的经济性角度上考虑，只能对散热叶片的结构进行改进与优化，让气流能够更多地从电机外侧的出风口流出，从而达到使电动割胶刀腔体内部降温的目的。

（六）散热叶片的结构设计参数对气流风量性能影响

由于受电动割胶刀腔体内部空间尺寸限制的影响，不能通过增加进出口外径来提高风压和风量，也不能够通过改变散热叶片的位置布局来增加气流密度，因此只能对原有散热叶片进行结构上的设计和优化，来改善散热叶片的工作性能，因此研究将围绕叶片数量、叶片型式与叶片角度这 3 个方面进行方案改进。

1. 叶片数量的影响　散热叶片的设计过程中，叶片数是影响其性能表现的重要因素之一。合理控制叶片数量，能减少出口气流偏斜程度，提高叶轮的理论压力。叶片数量过少，一般会让流道的扩散角偏大，容易导致气流边界层分离，可能会造成散热速度降低与效率下降；但是叶片数过多，叶轮内过流面积变小，增加摩擦损失，导致流量、风压大幅下降，也会使散热效率下降。

2. 叶片型式的影响　散热叶片的外延形状对腔体内部风道的气流运动情况有着重要影响，对叶片的线型进行合理设计，能够有效提高气流的冷却风量从而优化其综合性能。根据叶片线型分为直板型和弧板型两种。

3. 叶片角度的影响　散热叶片的叶尖是主要做功部位，因此叶尖附近区域的气体流场比较复杂，并且为涡流和湍流的形成提供了良好的环境。而叶尖部位流场的分布情况与每片叶尖之间的间隙大小密切相关，通过调整叶片的角度就可以形成不同形状的叶片结构，从而能够改变叶片之间的间隙。

4. 散热叶片的优化设计与对比分析　通过上述叶片数量、叶片型式与叶片角度等因素对散热叶片的工作性能影响分析，再结合现有散热叶片存在的散热效果不明显问题，将对现有的径向直板式散热叶片做结构优化，设计出径向斜板式与曲向弧板式两种方案，并进行比较分析。径向斜板式是对叶片的型式进行改变，由长方形扇叶调整为五边形扇叶；而曲向弧板式则是对叶片的安装角度做出改变，扇叶由原先的垂直布局式调整为螺旋倾斜式。选取散热叶片出风口处前端到电机出风口处末端为物理参数的测量位置。而在散热叶片的评估指标中，静压值是重要的正向参数指标，如果静压值越大，则表示散热叶片的做功性能就越好，而其中叶片安装角度对于静压又是最重要的影响因素。

在散热叶片的型式为径向斜板式与安装角度为 0°情况下，分别采用正向安装与反向安装来进行气体流场的仿真分析，如图 4 - 98 和图 4 - 99 所示。通过与优化前的设计方案相比能够发现，改进后的散热叶片产生的气流方向轨迹，由原先集中在散热叶片出风口的径向处，逐渐转移到电机的出风口外侧。改进后的散热叶片静压幅值相比之前要更加稳定，在出风口处 24mm 至 36mm 的位置，静压值明显优于改进前的设计方案，这说明结构改进后的散热叶片在做功上能够持续输出。

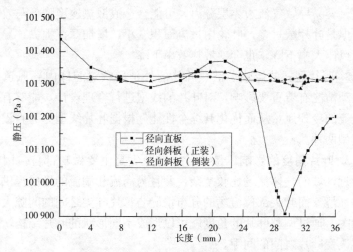

图 4 - 98　径向直板与径向斜板在不同安装方式下的静压比较分析

在散热叶片角度为 30°的条件下，分别选取扇叶叶片数量为 6、8、10 进行气体流场仿真分析，如图 4 - 100 和图 4 - 101 所示。通过与优化前的设计方案相比能够发现，改进后的散热叶片产生的气流方向轨迹，同样也是由原先集中在散热叶片出风口的径向处，逐渐转移到电机出风口外侧。而在散热叶片静压幅值上，相比改进之前也是更加稳定，且出风口的集中位置与径向斜板式大体相同，因此，该方案

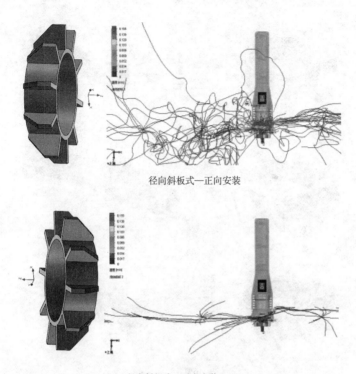

径向斜板式—正向安装

径向斜板式—反向安装

图 4 - 99　电动割胶刀腔体内部的气流运动轨迹（径向斜板式）

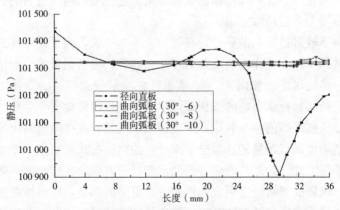

图 4 - 100　径向直板与曲向弧板不同角度下的静压比较分析

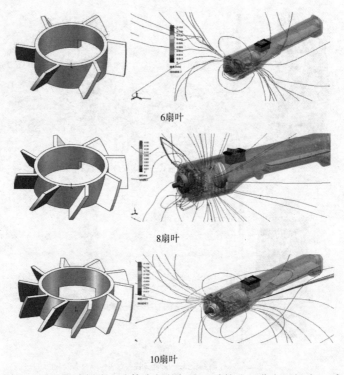

6扇叶

8扇叶

10扇叶

图4-101　电动割胶刀腔体内部的气流运动轨迹（曲向弧板式-30°）

的静压值也明显优于改进前的设计方案。这说明结构改进后的散热叶片在做功上能够持续输出。

由于改进过后的散热叶片在静压上基本一致，为了比较改进后的两种散热叶片在工作性能上是否存在差异性，可对涡量的分布情况进行进一步的讨论。如图4-102所示，在涡量最大峰值的变化上，优化后的径向斜板式与曲向弧板式散热叶片出现的位置要靠后些，而刚好与静压的最高值相互对应，这也说明了气流正在往电机的出风口后端逐渐集中。就涡量的数量分布来看，曲向弧板式要明显多于径向斜板式的最大处，约是其两倍，因此，与径向直板式相比，曲向弧板式的散热风扇的气流密度更大，能够带出更多的热量，散热性能更好。

通过与改进前的散热叶片气体流场运动情况对比发现，这两种设计方案的散热叶片在工作性能上，均得到了一定程度上的改进，这表

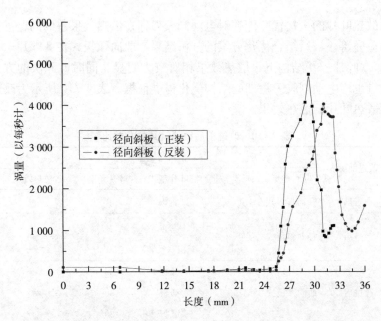

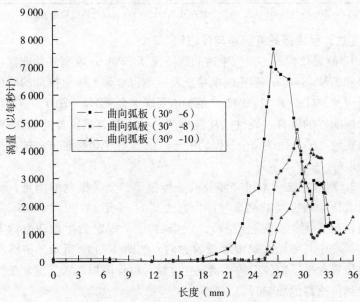

图 4 - 102　改进后的散热叶片涡量对比分析

明散热叶片的机构优化能够对电动割胶刀存在散热效果差的问题进行相应完善。最后结合优化方案的分析结果，曲向弧板式在 8 叶片-30°与 10 叶片-30°结构下，散热效果相对较为明显。同时，此次的方案改进也为电动割胶刀后期的结构优化提供依据。表 4-10 所示为改进后散热叶片的散热效果。

表 4-10　改进前后散热叶片的参数比较

改进前后	叶片参数				
	叶片类型	叶片数量	叶片型式	叶片角度	散热效果
改进前	径向直板式	10	直板	0°	*
改进后	径向斜板式	10	斜板（正装）	0°	**
		10	斜板（反装）	0°	**
改进后	曲向弧板式	6	弧板	30°	**
		8	弧板	30°	***
		10	弧板	30°	***

注：* 表示散热效果一般，**表示散热效果较好，***表示散热效果显著。

（七）手传振动的测量与评估

1. 测量仪器　本研究采用的测量仪器 AWA 5936 型多功能振动分析仪和 AWA 84152A 型三轴向传感器，均符合《人体对振动的响应测量仪器》（ISO 8041：2021）的标准要求（金涨军，2020）。该类仪器可根据配置的软件、硬件的功能模块，灵活调节该仪器的功能特点，进而实现对手传振动和全身振动的 x、y、z 3 个坐标轴方向的数据测量与取样。

2. 测量方法　本研究涉及的手传振动、全身振动的测量，均参照《人体手传振动的测量与评价方法》（GB/T 14790）（ISO 5349：2001，IDT）的标准规定进行。以 ISO 8727 规定的生物动力学坐标系与基准中心坐标系确定测量的方向，如图 4-103 所示。传感器的安装位置在电动割胶刀的手柄握住区域，以保障操作人员正常工作时不受到传感器的影响。

3. 手传振动的公式计算　手传振动的幅值通常以频率计权加速度的均方根（单位 m/s²）进行表述。ISO 5349—1：2001 规定了振

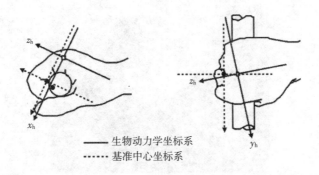

图 4 - 103 手握坐标系

动暴露评价是基于振动总值 a_{hv}，见式 4-30 所示；

$$a_{hv} = \sqrt{a_{hwx}^2 + a_{hwy}^2 + a_{hwz}^2}$$ （式 4-30）

式中：a_{hwx}、a_{hwy}、a_{hwz} 分别表示频率计权加速度在 x、y、z 3 个轴向坐标上的均方根值，单位 m/s²。

4. 试验对象的选择与测量 所测试对象 4GXJ-2 型电动割胶刀的运动方式为偏振往复切削式，如图 4 - 104 所示。

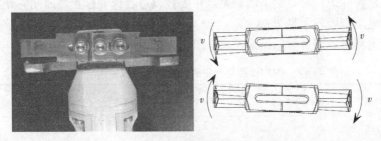

图 4 - 104 4GXJ-2 型电动割胶刀的刀头部位

根据 GB/T 14790 标准的相关要求，以及能够更好地从试验对象的振动暴露问题中进行反应与评价，在手传振动的试验方案设计时，应至少选择 3 名可熟练使用该型号电动割胶刀的胶工来进行测试。因此，选定的 3 名胶工在年龄上分别为：割胶工作员甲年龄 30 岁，割胶工作员乙年龄 35 岁，割胶工作员丙年龄 50 岁；且 3 位胶工的工龄均在 3 年以上，试验场所在某地区的橡胶林，如图 4 - 105 所示；测试所采用的 4GXJ-2 型电动割胶刀相关参数见表 4-11。

图 4 - 105　手传振动现场试验

表 4 - 11　4GXJ-2 型电动割胶刀的相关参数

功率（W）	转速（r/min）	电压（V）	重量（g）
180	10 000	12	350

5. 试验结果　本次测量得到电动割胶刀在运转作业情况下所得到的频率计权加速度。规定每次的测量时间不少于 20s。由于操作人员在实际工作时，会不断调整操作姿势以适合作业位置，因此应分别对电动割胶刀手柄处的 x、y、z 3 个坐标方向进行多次的等效振动总值测量，测量数值结果见表 4 - 12。

表 4 - 12　4GXJ-2 型电动割胶刀的频率计权加速度（m/s²）

割胶方式	试验对象	a_x	a_y	a_z	振动总值 a_q	总平均
推刀	再生皮	1.7	7.1	1.9	6.9～8.6	7.8
		1.8	8.2	1.8		
		1.7	6.6	2.0		
		1.9	6.9	1.9		
		1.9	6.3	2.0		
	原生皮	2.5	6.8	2.2	6.0～7.6	6.8
		2.3	5.2	1.8		
		1.9	6.4	2.7		
		2.3	5.9	2.3		
		1.9	5.3	2.0		

（续）

割胶方式	试验对象	a_x	a_y	a_z	振动总值 a_q	总平均
拉刀	再生皮	1.5	3.3	2.2	3.6～4.2	3.9
		1.2	2.6	2.2		
		1.2	2.8	2.4		
		1.3	2.7	2.5		
		0.9	2.8	2.4		
	原生皮	1.5	3.7	2.3	4.1～4.7	4.4
		1.5	3.5	2.3		
		1.4	3.8	2.3		
		1.4	3.6	2.7		
		1.2	3.2	2.3		

6. 日暴露限值公式的选定与换算　欧盟议会所制定的 2002/44/EC 与美国所制定的 ANSI S2.70：2006 这两项振动标准中，都明确规定了振动日暴露作用值为 $2.5 m/s^2$ 和日暴露极限值为 $5.0 m/s^2$。这些标准值已经被包括美国在内多个国家的行业研究人员普遍接受。因此，当操作人员在这一振动总值范围内工作时，患上手臂振动病的可能性将大幅降低。

在我国实施的《物理因素接触限值》（GBZ 2.2—2007）中，以 $5.0 m/s^2$ 作为手传振动 4h 等能量频率计权加速度的职业接触限值。将振动总值 a_{hv}（eq, 8h）表示 8h 等能量频率计权，记为 A（8），而 4h 等能量频率计权的振动总值 a_{hv}（eq, 4h）则以 A（4）表示，式 4-31 为 A（8）的标准计算方程。

$$A(8) = a_{hv}\sqrt{\frac{T}{T_0}} \qquad （式 4\text{-}31）$$

式 4-31 中：T 表示相对于振动总值 a_{hv} 的日暴露总时间；T_0 为 8h 的参考时间。式 4-32 为我国的手传振动接触限值 A（4）与 A（8）的换算：

$$A(8) = a_{hv}\sqrt{\frac{T}{T_0}} = A(4)\sqrt{\frac{4}{8}} = 5/\sqrt{2} = 3.5 (m/s^2)$$

$$（式 4\text{-}32）$$

因此，我国手传振动的日暴露极限值 A（8）为 $3.5 \mathrm{m/s^2}$。按照 A（4）与 A（8）的数值转换方法，得出电动割胶刀 $T_1 = A$（4）与 $T_2 = A$（8）的转换数值，如表 4-13 所示。

表 4-13　电动割胶刀 $T_1 = A$（4）与 $T_2 = A$（8）的转换数值

割胶方式	试验对象	T	T_0	A（8）（m/s²）	a_{hv}（m/s²）
推刀	再生皮	4	8	5.3	7.5
	原生皮	4	8	4.7	6.8
拉刀	再生皮	4	8	2.8	3.9
	原生皮	4	8	3.2	4.4

7.4GXJ-2 型电动割胶刀的 A（8）值与结果分析　除去胶工休息时间，电动割胶刀的每日工作时长为 3～4h，同时这也是胶工受到手传振动的影响时间。将表 4-12 中的总平均值，代入式 4-32 中得到 A（8），结果见表 4-14。

表 4-14　胶工使用电动割胶刀的平均总暴露时间

割胶方式	试验对象	A（8）（m/s²）	D_y（年）
推刀	再生皮	5.3	5.4
	原生皮	4.7	6.1
拉刀	再生皮	2.8	10.9
	原生皮	3.2	9.3

从测试结果可以看出，不同割胶方式作用在不同试验对象上的 A（8）值差异较大，与我国的日暴露极限值 $3.5 \mathrm{m/s^2}$ 有一定浮动偏差。其中推刀作用在再生皮上的 A（8）平均值最大（达到了 $5.3 \mathrm{m/s^2}$），而拉刀作用在再生皮上的 A（8）平均值最小（为 $3.2 \mathrm{m/s^2}$），同种割胶方式下的测量振动总值较为接近；因此在同等条件下，使用拉刀的效果会更好些，不超过我国规定的日暴露极限值。

电动割胶刀的振动总值是以两种不同的割胶方式，应用在不同试验对象上所测量得出的数据，涉及的作业人员与操作方式均有不同；而且数据的测量差异也与使用工具的类型、工况、实际输出功率、操作人员个体差异以及传感器的安装位置等因素有关，另外操作人员对胶刀的使用方式也大不相同，这也会增加人与工具多样因素的不确定性耦合影响。

8. 电动割胶刀的手传振动影响评估　胶工人群中 10% 发生手指变白的日振动暴露量 A（8）与累计暴露时间 D_y 的关系，如式 4-33 和图 4-106 所示（吴明忠等，2019）。

$$D_y = 31.8[A(8)]^{-1.06} \qquad (式 4-33)$$

将测量的 A（8）值代入公式得 D_y，如表 4-14 所列，也就是预期分别经过 5.4～6.1 年和 9.3～10.9 年后，暴露于作业电动割胶刀工种人群的 10% 以上将出现振动性白指。在作业情况下，电动割胶刀的振动总值受到橡胶树的种类、种植年限、生长环境以及胶刀电机的实际输出功率等因素影响。

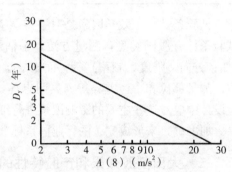

图 4-106　暴露人群中预期振动性白指 10% 的振动暴露量

结合表 4-14 与图 4-106 做出综合分析，在符合试验条件下，对所测得的人群平均总暴露时间与暴露人群中，在预期振动性白指 10% 的振动暴露量坐标轴下进行观察，发现表 4-14 中的测量结果与图 4-106 中的横纵坐标在数值上基本相互对应，这也再次验证了本次试验所测量的结果符合预期值。

9. 个体防护的应对方法　在手传振动个体防护方面，从事割胶的操作人员基本上是用双手与电动割胶刀的手柄直接接触，因此操作人员在工作时，普遍未采取任何防护措施。根据其他研究领域已有的测试结果显示，从事该类工种的操作人员应该采取必要的防护措施以降低手传振动的危害，因此可以借鉴相关的防治措施来进行保护。两种不同的割胶方式，胶工应该将每日接触振动的时间控制在表 4-15 的时间之内，这样可以让手臂振动病的发生概率减小。

表 4 - 15　电动割胶刀规定暴露时间的计算数值

割胶方式	试验对象	A (8)	a_{hv} (m/s^2)	T_0 (s) /T_0 (h)	T (h)
推刀	再生皮		5.3		3.5
	原生皮		4.7		4.4
		3.5		28 800/8	
拉刀	再生皮		2.8		13.0
	原生皮		3.2		9.6

　　试验条件与工效学因素是对手传振动测量结果的重要影响因素。试验条件有激励类型，测量方法，手柄形状与直径大小，振动特性（如：方向、强度、频率）等；而工效学因素则有手臂姿势、握力推力、测量部位和个体差异等（吴明忠等，2019）。因此，在后期的试验设计中应对这些主要的影响因素进行细化，让电动割胶刀的测量结果更加准确，来形成完善的行业体系标准。

二、大田割胶效果和产胶特性的影响研究

（一）试验材料与方法

1. 材料与方法　　选择位于中国热带农业科学院试验农场的热研 72059（19 龄）、热研 7-33-97（19 龄）、PR107（20 龄）为试验橡胶树材料。

　　每一品系均设置电动割胶刀和推式割胶刀两种工具割胶，设置 2 个重复，每一重复选择 30 株（连割 4 刀），割制均为单阳线隔日割（↓s/2，d/2）。为了减少树体误差对试验结果的影响，两种割胶工具采胶均在同一时间，采用电动割胶刀与推式割胶刀轮换方式进行割胶，如表 4 - 16 所示。

表 4 - 16　试验方案

品　系	热研 72059（19 龄）		热研 7-33-97（19 龄）		PR107（20 龄）	
样　地	I	II	I	II	I	II
第 1 刀	电动割胶刀	推式割胶刀	电动割胶刀	推式割胶刀	电动割胶刀	推式割胶刀
第 2 刀	推式割胶刀	电动割胶刀	推式割胶刀	电动割胶刀	推式割胶刀	电动割胶刀

（续）

品系	热研 72059（19 龄）		热研 7-33-97（19 龄）		PR107（20 龄）	
样地	I	II	I	II	I	II
第 3 刀	电动割胶刀	推式割胶刀	电动割胶刀	推式割胶刀	电动割胶刀	推式割胶刀
第 4 刀	推式割胶刀	电动割胶刀	推式割胶刀	电动割胶刀	推式割胶刀	电动割胶刀

对于热研 72059、热研 7-33-97、PR107，传统推刀割胶由 3 个具备 7 年割胶经验、技术等级为一级的割胶工人进行操作；电动割胶刀割胶由较熟悉机械性能及操作，且具备 6 个月使用经验的割胶工人进行操作。

2. 数据采集内容

（1）排胶初速度：每一处理均选择 9 株样树，每株割胶收刀后立即计时，连续收集 5min 内胶乳产量，连续测 4 刀次，取平均值。

（2）干胶产量：在割完胶后 2.5h，收集每一处理的鲜胶水并称重。同时混匀后取样，用 RH2010SF-1 型胶乳干含测定仪测定干含（胶乳中干胶重占胶乳总重的百分率），每一样品测定 3 次，取平均值。

（3）耗皮量：在每天割胶时，随机选择各处理内 10 株胶树割胶后的树皮，采用游标卡尺对树皮厚度进行测定。

（4）胶乳粗灰分：分别收集推式割胶刀和电动割胶刀割胶后的胶乳。胶乳经低温初灰化后，再经 520~550℃ 高温灰化，将有机物烧尽，剩下部分为金属元素的氧化物即是粗灰分，放入干燥剂中至恒重，对粗灰分含量进行测定。连续测定 3 次，取平均值。

（5）伤树率：收胶完后，由一级胶工检查、统计两种工具的伤树情况。特伤伤口：0.4cm×1cm；小伤伤口：0.25cm×0.25cm；大伤伤口介于特伤和小伤之间。伤树率＝（特、大、小）伤口总数/有效割胶株数×100%。

（6）有效皮：选择样地内茎粗生长较均匀的 3 株橡胶树，测定割线长度。由同一胶工分别用推式割胶刀和电动割胶刀割胶各割 15 刀次，记录每刀次切割树皮总片数、无效皮片数，测量切割下树皮拼接后的总长度。有效皮率＝（切割树皮总片数-无效皮片数）/切割树皮总片数×100%；有效切割率＝胶线总长度/切割树皮总长度×100%。

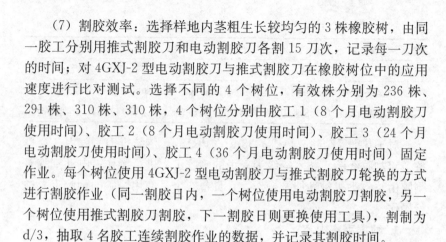

（7）割胶效率：选择样地内茎粗生长较均匀的 3 株橡胶树，由同一胶工分别用推式割胶刀和电动割胶刀各割 15 刀次，记录每一刀次的时间；对 4GXJ-2 型电动割胶刀与推式割胶刀在橡胶树位中的应用速度进行比对测试。选择不同的 4 个树位，有效株分别为 236 株、291 株、310 株、310 株，4 个树位分别由胶工 1（8 个月电动割胶刀使用时间）、胶工 2（8 个月电动割胶刀使用时间）、胶工 3（24 个月电动割胶刀使用时间）、胶工 4（36 个月电动割胶刀使用时间）固定作业。每个树位使用 4GXJ-2 型电动割胶刀与推式割胶刀轮换的方式进行割胶作业（同一割胶日内，一个树位使用电动割胶刀割胶，另一个树位使用推式割胶刀割胶，下一割胶日则更换使用工具），割制为 d/3，抽取 4 名胶工连续割胶作业的数据，并记录其割胶时间。

（8）割胶深度比对：在胶园随机抽取 15 株橡胶树进行样本采集，应用橡胶树专用测深尺分别对推式割胶刀及 4GXJ-2 型电动割胶刀割胶深度进行测量。样本采集方法为：选取每株橡胶树割线下刀位（头部）、行刀位（中部）及收刀位（尾部）3 个位置进行切割深度测量，每个位置测量 3 次取平均值并记录。

（二）试验结果与分析

1. 排胶初速度 各品系排胶初速度测定结果见图 4-107 至图 4-109。由图 4-107 可以看出，以热研 72059 为研究对象，采用 4GXJ-2 型电动割胶刀连续割 4 刀的排胶初速度（以每 5min 计）分别为 7.32ml、7.44ml、7.88ml、7.14ml，平均值约为 7.45ml；采用推式割胶刀连续割 4 刀的排胶初速度（以每 5min 计）分别为 6.56ml、6.02ml、6.78ml、6.23ml，平均值约为 6.40ml。结果显示，采用 4GXJ-2 型电动割胶刀割胶比采用推式割胶刀割胶的平均排胶初速度高约 16.41%，差异显著（$P<0.05$）。

由图 4-108 可以看出，以热研 7-33-97 为研究对象，采用 4GXJ-2 型电动割胶刀连续割 4 刀的排胶初速度（以每 5min 计）分别为 7.03ml、7.38ml、6.89ml、7.23ml，平均值约为 7.13ml；采用推式割胶刀连续割 4 刀的排胶初速度（以每 5min 计）分别为 6.56ml、6.41ml、6.57ml、6.11ml，平均值约为 6.41ml。结果显示，采用 4GXJ-2 型电动割胶刀割胶比采用推式割胶刀割胶的平均排胶初速度

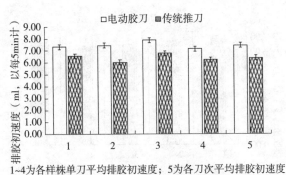

1~4为各样株单刀平均排胶初速度；5为各刀次平均排胶初速度

图4-107　热研72059排胶初速度

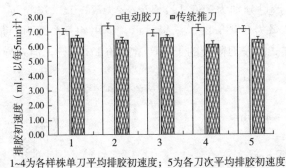

1~4为各样株单刀平均排胶初速度；5为各刀次平均排胶初速度

图4-108　热研7-33-97排胶初速度

高约11.23%，差异显著（$P<0.05$）。

由图4-109可以看出，以PR107为研究对象，采用4GXJ-2型电动割胶刀连续割4刀的排胶初速度（以每5min计）分别为7.34ml、7.31ml、7.06ml、7.12ml，平均值约为7.21ml；采用推式割胶刀连续割4刀的排胶初速度（以每5min计）分别为6.86ml、6.70ml、6.52ml、6.41ml，平均值约为6.62ml。结果显示，采用电动割胶刀割胶比采用推式割推刀割胶的平均排胶初速度高约8.85%，但差异不显著。

2. 干胶产量　各品系干胶产量测定结果见图4-110至图4-112。由图4-110可以看出，以热研72059为研究对象，采用4GXJ-2型电动割胶刀连续割4刀的干胶产量分别为952.2g、933.3g、919.8g、877.9g，连续割4刀干胶总产量为3 683.2g；采用推式割胶刀连续割

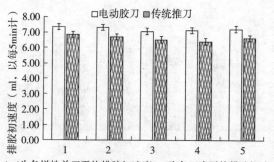

1~4为各样株单刀平均排胶初速度；5为各刀次平均排胶初速度

图 4 - 109　PR107 排胶初速度

4 刀的干胶产量分别为 796.1g、820.3g、771.0g、750.8g，连续割 4 刀干胶总产量为 3 138.2g。结果显示，采用 4GXJ-2 型电动割胶刀割胶比采用推式割胶刀割胶的干胶产量高约 17.37%，但差异不显著。

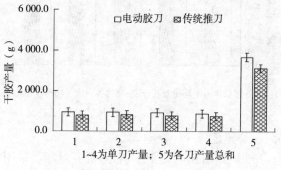

1~4为单刀产量；5为各刀产量总和

图 4 - 110　热研 72059 干胶产量

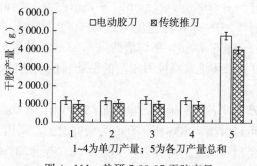

1~4为单刀产量；5为各刀产量总和

图 4 - 111　热研 7-33-97 干胶产量

由图 4‐111 可以看出，以热研 7-33-97 为研究对象，采用电动割胶刀连续割 4 刀的干胶产量分别为 1 185.6g、1 161.7g、1 209.6g、1 197.4g，连续割 4 刀干胶总产量为 4 754.3g；采用推式割胶刀连续割 4 刀的干胶产量分别为 981.2g、1 038.5g、994.0g、971.7g，连续割 4 刀干胶总产量为 3 985.4g。结果显示，采用 4GXJ-2 型电动割胶刀割胶比采用推式割胶刀割胶的干胶产量高约 19.29%，差异显著（$P < 0.05$）。

由图 4‐112 可以看出，以 PR107 为研究对象，采用 4GXJ-2 型电动割胶刀连续割 4 刀的干胶产量分别为 723.3g、749.7g、740.7g、758.0g，连续割 4 刀干胶总产量为 2 971.7g；采用推式割胶刀连续割 4 刀的干胶产量分别为 664.3g、595.7g、627.8g、615.6g，连续割 4 刀干胶总产量为 2 503.4g。结果显示，采用 4GXJ-2 型电动割胶刀割胶比采用推式割胶刀割胶的干胶产量高约 18.71%，但差异不显著。

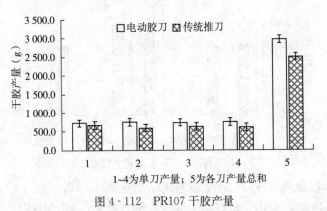

图 4‐112　PR107 干胶产量

热研 72059、热研 7-33-97、PR107 在同一样地、不同割胶方式下，各品种各样地的干胶总产量测定结果如图 4‐113 所示。热研 72059 样地 I 采用 4GXJ-2 型电动割胶刀和推式割胶刀割胶的干胶总产量分别为 1 872.0g、1 571.0g，电动割胶刀比推式割胶刀割胶的干胶总产量高约 19.16%，差异显著；热研 72059 样地 II 采用电动割胶刀和推式割胶刀割胶的干胶总产量分别为 1 811.2g、1 567.2g，电动割胶刀比推式割胶刀割胶的干胶总产量高约 15.57%，差异不显著。

热研 7-33-97 样地 I 采用 4GXJ-2 型电动割胶刀和推式割胶刀割胶的干胶总产量分别为 2 395.2g、2 010.2g，电动割胶刀比推式割刀割胶的干胶总产量高约 19.15％，差异显著；热研 7-33-97 样地 II 采用 4GXJ-2 型电动割胶刀和推式割胶刀割胶的干胶总产量分别为 2 359.1g、1 975.2g，电动割胶刀比推式割胶刀割胶的干胶总产量高约 19.44％，差异不显著。

PR107 样地 I 采用 4GXJ-2 型电动割胶刀和推式割胶刀割胶的干胶总产量分别为 1 463.9g、1 211.2g，电动割胶刀比推式割胶刀割胶的干胶总产量高约 20.86％，差异显著；PR107 样地 II 采用 4GXJ-2 型电动割胶刀和推式割胶刀割胶的干胶总产量分别为 1 507.7g、1 292.2g，电动割胶刀比推式割胶刀割胶的干胶总产量高约 16.68％，差异不显著。

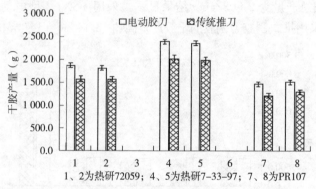

图 4-113　不同割胶方式下各品种各样地干胶总产量

3. 耗皮量　各品系耗皮量测定结果见图 4-114 至图 4-116。由图 4-114 可以看出，以热研 72059 为研究对象，采用 4GXJ-2 型电动割胶刀连续割 4 刀的耗皮量分别为 1.47mm、1.45mm、1.48mm、1.46mm，平均值约为 1.47mm；采用推式割胶刀连续割 4 刀的耗皮量分别为 1.52mm、1.52mm、1.53mm、1.54mm，平均值约为 1.53mm。结果显示，采用 4GXJ-2 型电动割胶刀割胶比采用推式割胶刀割胶的耗皮量平均减少约 3.92％，差异不显著。

由图 4-115 可以看出，以热研 7-33-97 为研究对象，采用 4GXJ-2 型电动割胶刀连续割 4 刀的耗皮量分别为 1.48mm、1.44mm、1.46mm、1.46mm，平均值约为 1.46mm；采用推式割胶刀连续割 4 刀的耗皮量分别为 1.52mm、1.52mm、1.48mm、1.53mm，平均值

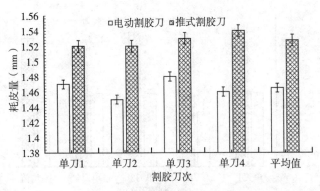

图 4 - 114　热研 72059 耗皮量

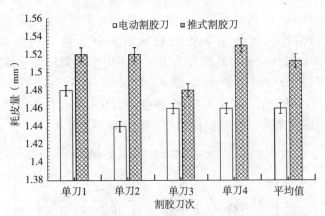

图 4 - 115　热研 7-33-97 耗皮量

约为 1.51mm。结果显示，采用 4GXJ-2 型电动割胶刀割胶比采用推式割胶刀割胶的耗皮量平均减少约 3.50％，差异不显著。

由图 4 - 116 可以看出，以 PR107 为研究对象，采用 4GXJ-2 型电动割胶刀连续割 4 刀的耗皮量分别为 1.47mm、1.44mm、1.47mm、1.47mm，平均值约为 1.46mm；采用推式割胶刀连续割 4 刀的耗皮量分别约为 1.58mm、1.56mm、1.57mm、1.53mm，平均值约为 1.56mm。结果显示，采用 4GXJ-2 型电动割胶刀割胶比采用推式割胶刀割胶的耗皮量平均减少约 6.22％，差异不显著。

4. 胶乳粗灰分　各品系胶乳粗灰分测定结果见图 4 - 117 至图 4 -

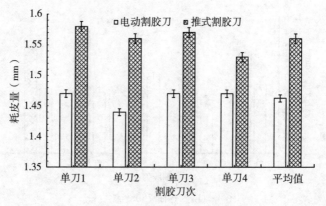

图 4 - 116 PR107 耗皮量

119。由图 4 - 117 可以看出，以热研 72059 为研究对象，采用 4GXJ-2 型电动割胶刀连续割 3 刀的胶乳粗灰分含量分别为 3.61%、3.71%、4.22%，平均值约为 3.85%；采用推式割胶刀连续割 3 刀的胶乳粗灰分含量分别为 3.45%、3.89%、4.16%，平均值约为 3.83%。结果显示，采用 4GXJ-2 型电动割胶刀割胶比采用推式割胶刀割胶的胶乳粗灰分平均值高约 0.02%，差异不显著。

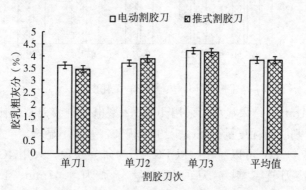

图 4 - 117 热研 72059 胶乳粗灰分含量

由图 4 - 118 可以看出，以热研 7-33-97 为研究对象，采用 4GXJ-2 型电动割胶刀连续割 3 刀的胶乳粗灰分含量分别为 2.62%、2.31%、2.52%，平均值约为 2.48%；采用推式割胶刀连续割 3 刀的胶乳粗灰分含量分别为 2.53%、2.71%、2.49%，平均值约为

2.58%。结果显示，采用 4GXJ-2 型电动割胶刀割胶比采用推式割胶刀割胶的胶乳粗灰分平均值低约 0.10%，差异不显著。

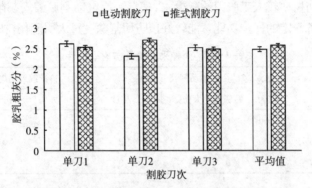

图 4 - 118　热研 7-33-97 胶乳粗灰分含量

由图 4 - 119 可以看出，以 PR107 为研究对象，采用 4GXJ-2 电动割胶刀连续割 3 刀的胶乳粗灰分含量分别为 2.56%、1.97%、2.51%，平均值约为 2.35%；采用推式割胶刀连续割 3 刀的胶乳粗灰分含量分别为 2.78%、1.78%、2.23%，平均值约为 2.26%。结果显示，采用 4GXJ-2 电动割胶刀割胶比采用推式割胶刀割胶的胶乳粗灰分平均值高约 0.09%，差异不显著。

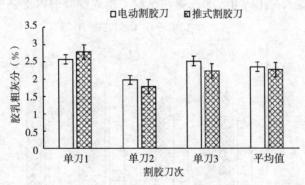

图 4 - 119　PR107 胶乳粗灰分含量

5. 伤树率　如表 4 - 17 所示，4GXJ-2 型电动割胶刀割胶伤树率分别为：2%（热研 72059）、3%（热研 7-33-97）、3%（PR107），总伤树概率为 2.67%；推式割胶刀伤树率分别为：5%（热研 72059）、

4%（热研7-33-97）、5%（PR107），总伤树概率为 4.67%，其中大伤数量占总伤数量21.42%。两种胶刀伤树率均在生产允许范围，但电动割胶刀伤树率较人工胶刀约减少 42.86%。因电动割胶刀安装限位导向器，具备一定的保护功能，能较好预防切割深度过大引起伤树的发生。

表4-17　两种采胶工具伤树率统计

品系	有效株数	电动割胶刀伤树				传统胶刀伤树			
		特级伤	大伤	小伤	小计	特级伤	大伤	小伤	小计
热研 72059	100	0	0	2	2	0	1	4	5
热研 7-33-79	100	0	0	3	3	0	1	3	4
PR107	100	0	0	3	3	0	1	4	5

6. 有效皮　3 种橡胶树的两种割胶方式的树皮总长度、有效皮率、有效切割率见图 4-120 至图 4-122。由图 4-120 可以看出，橡胶树Ⅰ的电动割胶、推式割胶的树皮总长度分别是 32.23cm、43.07cm，橡胶树Ⅱ的电动割胶、推式割胶的树皮总长度分别是 35.43cm、39.47cm，橡胶树Ⅲ的电动割胶、推式割胶的树皮总长度分别是 37.97cm、46.50cm，3 种橡胶树的电动割胶、推式割胶的树皮总长度平均值分别约是 35.21cm、43.01cm，差异均极显著（$P<0.01$）。橡胶树Ⅰ、Ⅱ、Ⅲ的电动割胶比推式割胶的树皮总长度分别

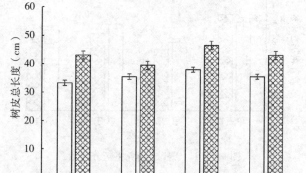

图 4-120　3 个品系橡胶割胶的树皮总长度

短约 25.17%、10.24%、18.34%，平均短约 17.92%。

　　由图 4-121 可以看出，橡胶树 I 的电动割胶、推式割胶的有效皮率分别是 100%、91.68%，橡胶树 II 的电动割胶、推式割胶的有效皮率分别是 100%、88.20%，橡胶树Ⅲ的电动割胶、推式割胶的有效皮率分别是 100%、89.15%，3 种橡胶树的电动割胶、推式割胶的有效皮率平均值分别约是 100%、89.68%，差异极显著（$P<0.01$）。

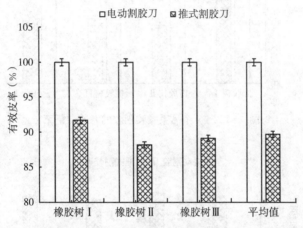

图 4-121　3 个品系橡胶割胶的有效皮率

　　由图 4-122 可以看出，橡胶树 I 的电动割胶、推式割胶的有效切割率分别是 98.40%、76.49%，橡胶树 II 的电动割胶、推式割胶的有效切割率分别是 97.38%、87.51%，橡胶树Ⅲ的电动割胶、推式割胶的有效切割率分别是 98.25%、80.52%，3 种橡胶树的电动割胶、推式割胶的有效切割率平均值分别约是 98.01%、81.51%，差异显著（$P<0.05$）。

　　7. 割胶效率　由图 4-123 可以看出，使用 4GXJ-2 型电动割胶刀和推式割胶刀平均单株割胶时间，橡胶树位 1 分别为 6.17s、11.57s，橡胶树位 2 分别为 5.95s、11.88s，橡胶树位 3 分别为 5.20s、11.19s，3 个树位的平均值约为 5.77s、11.55s，差异均不显著。橡胶树位 1、2、3 的 4GXJ-2 型电动割胶速度比推式割胶分别快约 46.67%、49.92%、53.53%，平均快约 50.04%。

　　图 4-124 为不同树位采用 4GXJ-2 型电动割胶与推式割胶的单株

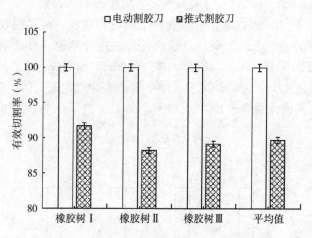

图 4 - 122　3 个品系橡胶割胶的有效切割率

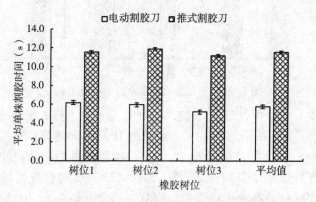

图 4 - 123　3 个品系橡胶平均单株割胶时间

割胶时间对比，其中平均单株作业时间（包含胶工在树与树之间行走、清理胶杯、摆放胶碗等工序时间）结果如下：胶工 1 使用 4GXJ-2 型电动割胶刀和推式割胶刀单株割胶时间分别为 20.13s、28.06s，胶工 2 分别为 21.29s、28.45s，胶工 3 分别为 21.86s、32.99s，胶工 4 分别为 19.07s、33.05s。4GXJ-2 型电动割胶刀相较于推式割胶刀，4 名胶工作业速度分别提升 28.27%、25.17%、33.74% 及 42.30%，4GXJ-2 型电动割胶刀单株作业总平均时间为 20.59s，推式割胶刀为

30.64s，使用电动割胶刀可使割胶速度提升约 32.80％。4GXJ-2 型电动割胶刀单株作业最快用时比推式割胶刀最慢用时减少约42.30％，电动割胶刀单株作业最慢用时（21.86s）比推式割胶刀单株作业最快用时（28.06s）减少约 22.09％，割胶时间提升率随着胶工对电动割胶刀使用时间的增加呈上升趋势。

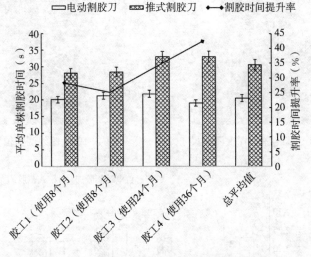

图 4 - 124　树位平均单株橡胶树割胶用时对比

8. 割胶深度比对　如图 4 - 125 至图 4 - 127 所示，测试 2 种割胶工具割胶深度，对所记录数据进行配对样本 T 检验，将 4GXJ-2 型电动割胶刀及推式割胶刀割线头部、中部及尾部割胶深度数据两两配对，分别组成 3 组配对样本。由表 4 - 18 可知，3 组配对样本相关性系数皆大于零，且相关性显著水平皆小于 0.05，说明每组配对数据存在显著相关性，符合配对 T 检验条件。由表 4 - 19 可知，4GXJ-2型电动割胶刀割线头部、中部及尾部割胶深度平均值分别为2.233mm、2.167mm、2.267mm，推式割胶刀割线头部、中部及尾部割胶深度平均值为：2.133mm、2.233mm、2.300mm；由表 4 - 20可知两种割胶工具割胶深度均值最大偏差 0.1mm，在允许偏差范围内，对比图如图 4 - 127 所示。由表 4 - 20 可知，4GXJ-2 型电动割胶刀割线头部割胶深度均值比推式割胶刀割线头部均值大 0.100mm，中部均值比推式割胶刀小 0.067mm，尾部均值比推式割胶刀小 0.033mm，3 组配对样本显著性水平皆大于 0.05，每组配对样本中两种割胶工具割胶深度无明显差异，表明 4GXJ-2 型电动割胶刀割胶深度与推式割胶刀割胶深度具备一致性，割胶深度符合生产标准需求。

图 4 - 125　割胶深度测深尺

图 4 - 126　割线测深位置

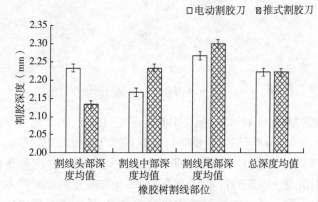

图 4 - 127　不同割胶工具的橡胶树割线深度

表 4 - 18　配对样本相关性

配对序号	割胶形式/割线部位	个案数	相关性系数	显著水平
配对 1	4GXJ-2 型电动割胶刀割线头部深度——推式割胶刀割线头部深度	15	0.535	0.040
配对 2	4GXJ-2 型电动割胶刀割线中部深度——推式割胶刀割线中部深度	15	0.598	0.019

（续）

配对序号	割胶形式/割线部位	个案数	相关性系数	显著水平
配对3	4GXJ-2型电动割胶刀割线尾部深度——推式割胶刀割线尾部深度	15	0.678	0.005

表 4 - 19　配对样本 T 检验结果

配对序号	割线部位	平均值（mm）	个案数	标准偏差	标准误差平均值
配对1	割线头部深度——4GXJ-2型电动割胶刀	2.233	15	0.495	0.128
	割线头部深度——推式割胶刀	2.133	15	0.481	0.124
配对2	割线中部深度——4GXJ-2型电动割胶刀	2.167	15	0.309	0.080
	割线中部深度——推式割胶刀	2.233	15	0.258	0.067
配对3	割线尾部深度——4GXJ-2型电动割胶刀	2.267	15	0.372	0.096
	割线尾部深度——推式割胶刀	2.300	15	0.368	0.951

表 4 - 20　配对样本检验

配对序号	割线部位	平均值差（mm）	标准偏差	配对差值	差值95%置信区间 下限	上限	t	自由度	显著水平
配对1	4GXJ-2型电动割胶刀割线头部深度——推式割胶刀割线头部深度	0.100	0.471	0.122	-0.161	0.361	0.823	14	0.424
配对2	4GXJ-2型电动割胶刀割线中部深度——推式割胶刀割线中部深度	-0.067	0.258	0.667	-0.210	0.076	-1.000	14	0.334
配对3	4GXJ-2型电动割胶刀割线尾部深度——推式割胶刀割线尾部深度	-0.033	0.297	0.767	-0.198	0.131	-0.435	14	0.670

9. 大田全年产量对比测试　2020 年，在中国热带农业科学院试验场，选择同一树位、PR107 无性系，进行 4GXJ-2 型电动割胶刀和传统人工胶刀全年产量跟踪测定。传统胶工符某，一级胶工，使用传

统胶刀割胶 11 年，割区实际割胶株数 239 株。电动胶工董某，一级胶工，使用传统胶刀割胶 11 年，使用 4GXJ-2 型电动割胶刀割胶 2 年，割区实际割胶株数 288 株。每刀次割胶后，由试验场收胶站测定干含、胶水重量，并折算成干胶产量，每月汇总求平均值。2020 年受新冠疫情影响，实际割胶时间为 6—12 月。测定结果如图4-128所示。

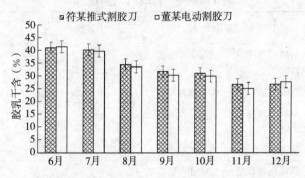

图 4-128　2 种割胶工具胶乳干含月变化

从图 4-128 可以看出，传统人工胶刀割胶干含 26.59%～40.95%、全年平均干含 34.21%；电动割胶刀割胶干含 24.97%～41.38%、全年平均干含 32.40%。全年来看，6 月新开割干含最高、11 月最低。2 种割胶工具相比，传统人工胶刀全年平均干含较电动割胶刀高 1.81%。干含与割胶月份及产胶量有关，刚开割胶月份的干含最高，随着割胶刀数增加，胶树排胶多后，干物质合成量减少，干含会降低。在同一月份，胶水割出越多，干含也会相对降低。

因 2 位胶工实际割胶株数不同，没有可比性。因此将每月胶水总量除以实际割胶株数，求每株树月平均胶水产量，并进行对比。从图 4-129可以看出，传统人工胶刀单株割胶胶水月产量 0.07～2.22kg、全年总产量为 9.36kg；电动割胶刀单株割胶胶水月产量 0.10～2.65kg、全年总产量为 11.43kg。总体来看，刚开割的 6 月胶水产量最低，而到 9 月，胶水产量达全年最高峰。2 种割胶工具对比来看，电动割胶刀割胶单株胶水全年总产量较传统人工胶刀高 2.07kg、约高 22.12%，差异显著。相同品系、树龄、产地环境条件下，胶水产量与割胶深度、割胶技术（是否对割线有挤压或摩擦）有关。

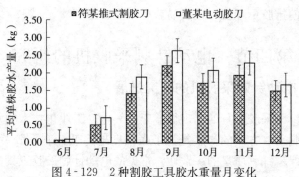

图 4-129　2 种割胶工具胶水重量月变化

按照测量胶水产量相同的做法，将每月干胶总量除以实际割胶株数，求每株树月平均干胶产量，并进行对比。干胶产量为胶水重量乘以干含。从图 4-130 可以看出，传统人工胶刀割胶单株月干胶产量0.03～0.7kg、全年总产量为 2.86kg；电动割胶刀割胶单株月干胶产量0.04～0.8kg、全年总产量为 3.41kg。总体来看，刚开割的 6 月干胶产量最低，而到 9 月，干胶产量达全年最高峰。2 种割胶工具对比来看，电动割胶刀割胶单株干胶全年总产量较传统人工胶刀高 0.55kg、约高19.23%，差异显著。按照平均干胶价格每千克 13 元计算，电动割胶刀割胶每株胶树多收益 7.15 元/年，每 667m^2 约增收 214.5 元/年。

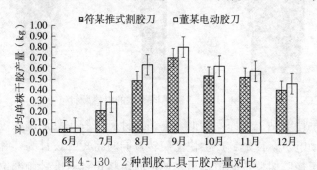

图 4-130　2 种割胶工具干胶产量对比

从产量来看，电动割胶刀产量更优。主要原因在于品系、树龄、产地环境均相同的条件下，干胶产量与割胶深度、割胶技术有关。参与试验的 2 位胶工，均是一级胶工，对割胶工具的使用比较熟练，在割胶深度方面都能按照现行的割胶技术规程作业。但传统人工胶刀易对割线挤压、摩擦，影响了排胶速度；电动割胶刀正好解决了这一问题，因此使排胶更顺畅，也更易获得高产、稳产。

第四节　电动针刺采胶机的研究

一、电动针刺采胶机的研究进展

电动针刺采胶工具的出现得益于电气化、工业化技术的发展，采用电动针刺采胶方式的初衷是为了大幅度地降低针刺采胶劳动强度，同时有效保障针刺质量的一致性。常见的电动针刺采胶工具都配备有独立供电的直流电源，主要有电磁式和电钻式结构。

电磁式针刺采胶工具利用电磁铁工作原理，有效代替了短针刺入和拔出橡胶树树皮的工作过程。使用时，电磁铁工作，将短针吸附牢固，当短针对准针刺部位后，电磁铁释放短针以冲击的方式刺入树皮，刺入一定深度后，电磁铁重新将短针吸回，从而实现针刺采胶目的，电磁刺针类型如图 4 - 131 所示（P. D. Abraham，1983）。

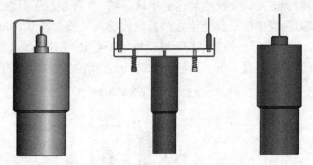

图 4 - 131　3 种不同类型的电磁刺针

与手持电钻工作原理相似，电钻式针刺采胶工具通过在短针部位添加驱动电机，使短针产生快速旋转，同时将短针设计为"麻花"形状以利于橡胶树树皮碎屑排出。使用时，将短针对准针刺部位，启动电源开关后，短针以顺时针方向钻入橡胶树树皮，当刺入深度达到一定标准后，使电机反转以退出短针，机动刺针类型如图 4 - 132 所示。电钻式针刺采胶工具不仅操控简单，并且可大幅度降低劳动强度，由于大部分电动针刺采胶工具在执行末端均加装了限位装置，一定程度上保障了针刺采胶作业质量的一致性（P. D. Abraham，1983）。

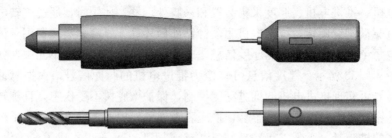

图 4-132 4 种不同类型的机动刺针

随着针刺采胶技术的发展，20 世纪 80 年代，中国与马来西亚都研发设计了采胶针（P. D. Abraham 等，1983；许闻献等，1981；Samsidarbte Hamzah 等，1981），而马来西亚作为世界植胶大国，由于劳动力明显缺乏、对采胶工具的改进需求更为强烈，先后研发设计了电磁刺针、机动刺针、螺旋刺针 3 款便携式针刺采胶工具，并配套设计了带齿轮刺针、旋转式刺针、微型钻针以及微钻头 4 种采胶针，用于生产上针刺采胶和刺割结合采胶，结果表明：针刺采胶单株产量虽低于常规 s/2、d/2 割制，但针刺效率提升了约 40%，因此每个胶工总体产量均高于使用传统割胶刀胶工 12%～70%，且高刺胶位单株产量较传统割胶的高。从刺胶方式上看，旋转式刺针和螺旋刺针产量比手控刺针稍高。从工具的耐用性看，手控刺针和螺旋刺针弯针现象较多，但机械故障较少。机动刺针有老胶线缠针问题，由于水分渗透，工具开关经常失灵而无法启动。

总体来看，针刺采胶具有较好的研究基础，在理论和实践上是可行的，且针刺采胶速度较传统割刀快、能获得较理想的产量，其生产制造较其他采胶机械更为简单、成本更低廉。但是电动针刺采胶机除上述人工针刺采胶机存在的问题外，还存在以下缺点：机械结构设计和针刺方式不合理，导致机械故障、老胶线缠针等问题发生；刺针弯针现象较多，刺针材料、强度需要提升；能耗高、电池续航时间不长；制造工艺有待提升，防水性能不足导致开关经常失灵而无法启动等，极大地限制了针刺采胶机的研发与应用。

多功能采胶工具可实现针刺深度、针刺力度的有效控制。2016年，郑勇等人研发了一种采胶针钻工具，主要包括机壳、针钻、旋转电机、推进电机、厚度采集装置和采胶处理器。使用时，通过旋转电机驱动刺针旋转，推进电机驱动针钻前后移动，厚度采集装置用于读取每个橡胶树上对应的厚度信息，厚度信息则保存在储存单元中，如图4-133所示。厚度信息可转换为推进电机的脉冲信号，根据脉冲信号可实现推进电机的推进深度控制，保护橡胶树不受伤害，且旋转针钻进入橡胶树皮更加容易，挤压乳管现象发生不多，进而保证了较多的排胶量（黄敞，2019）。多功能针刺采胶工具不仅集成了电气化、信息化及自动化技术，也为全自动针刺采胶技术与工具的研发提供了一定的理论和技术参考（图4-134）。但是，目前急需解决的问题依旧是针刺采胶农艺规范，只有当针刺采胶相关农艺有了明确的标准和要求后，与之相辅相成的针刺采胶工具才能具备更为合理的功能。

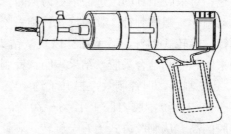

图4-133　郑勇、黄敞等人发明的智能采胶针钻

图4-134　电动采胶针钻

2017年，国外也公布一种用电动螺丝刀改进的钻孔取胶工具，配合乙烯气刺采胶，获得了较理想的产量。该方法采胶速度快，对技术要求低，要获得产量需加大乙烯刺激浓度，易导致胶树不可逆伤害，且钻孔深度不易控制，孔径较大，也会导致伤树，形成死皮和木钉，目前未见有使用结果的详细报道（曹建华，2020）。

二、电动针刺采胶机的研发设计

针刺采胶是一种微型的内切采胶技术，以刺断和挤破乳管和薄壁细胞并深达木质部为其特征，是在刺激剂（电石、乙烯利、乙烯气体）的作用下，在橡胶树的局部范围人为诱导强烈的愈伤反应，扩大排胶影响面，并用细针刺破乳管后可延缓伤口的凝固，增加排胶时间，从而获得较为理想产量的采胶技术。这项研究的目的是通过针刺采胶，使幼龄胶树提前投产，缩短非生产年限。由于针刺采胶没有割掉树皮，使树皮组织中营养液流动的困难程度较常规割胶小，胶乳总固形物含量和糖含量比产量相等的割胶树高，因而认为该技术适合幼树采胶。

非洲橡胶所专家土皮也认为乳管的产胶能力主要取决于乳管中糖的供应，常规刀割由于割去部分韧皮组织，阻碍了糖分的纵向输导，影响了割面下方乳管的产胶能力，因此，他于1973年提出针刺采胶理论。此后土皮与普里莫等合作，也都证实了针刺采胶可以获得高产，并使乳糖含量高于常规刀割的 $5 \sim 6$ 倍（普里莫等，1977）。T. T. Leong（1978）等也证实针刺采胶可以获得高产而且出现胶乳高糖现象，并认定土皮针刺采胶理论的可靠。

（一）针刺切割力测试分析

尝试采用压电式传感器连接采胶头，对橡胶树树皮刺入过程中的力值变化情况进行检测（图 4-135），传感器采用 DJYD-16，50kg，输出灵敏度 3pC/N，非线性 1% F.S.，工作温度范围为 $-54 \sim 121℃$，对切割力大小进行检测，采用 NI USB 6002 数据采集卡对传感器的模拟量数值变化进行采集与分析，数据采集卡的最大采样率（总计）为 50kS/s，输入量程 $\pm 10V$，全量程时常规值绝对精度为 6mV，非常规温度，全量程时最大值 26mV。

随着树龄的增长，PR107 原生树皮的厚度及硬度亦在发生变化，其切削力逐步增大，15 龄的约为 35N、20 龄的约为 46N。由于再生皮树皮组织与原生皮相比有较大的变化，较原生皮更硬，其切削力值更大，24 龄的约为 62N。综上，针刺采胶的刺入力需大于 62N，考虑余量，以 7-15mm 可调节的采胶深度，刺入力为 70N 为设计参数进行针刺采胶机的设计。

图 4 - 135　针刺采胶刺入力测试

（二）针扎式采胶机结构设计及功能验证

1. 工作原理设计　针扎式针刺采胶是以采胶针直插入橡胶树树干，在树皮上进行切割形成特定割口，使胶乳从割口流出，从而获得胶乳的操作。操作重点是给予一定外力使采胶针以一定深度直刺入树皮，并保证 1 次仅刺 1 针，以减少对乳管的重复摩擦。

针扎式电动针刺采胶机设计方案依据弹性势能转化为动能原理，使采胶针在弹簧力的作用下射出，击打时刺入树皮，弹性势能由扇形齿轮齿条传动、将旋转运动转化成直线运动、压缩蓄能弹簧而产生，在深度控制器作用下保证刺入深度，并采用微动传感器控制齿轮齿条及刺针的停止位，1 刺 1 针，实现采胶作业。机构运动简图如图 4 - 136 所示，传动方式采用旋转电机带动扇形齿轮 4 传动，通过齿轮 4 和齿条 2 组成的传动机构，使旋转运动变成直线运动，并对弹簧 3 进行压缩，当弹簧被压缩到最大值时，弹性势能最大，此时扇形齿轮 4 与齿条 2 脱离啮合，弹性势能转化为动能，使安装在齿条模块上的刺针 1 快速射出，完成刺入动作。

2. 采胶机结构设计　由于先前设计的首款针扎式采胶机功率不

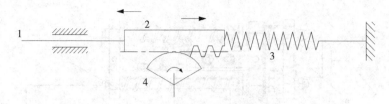

图 4 - 136　机构运动示意简图
1. 刺针　2. 齿条　3. 弹簧　4. 扇形齿轮

足，在老树皮上刺入较困难，为加大针扎式采胶器的切割力，采用 32

系列的多级减速电机（图 4 - 137），减速
比 1：245，额定电压 12V，额定扭矩达
到 0.7Nm，额定转速 27r/min，设计多
级减速针扎式采胶机；另外采用 58 系列
的蜗轮蜗杆减速电机，型号 WL-
58SW31ZY0128000-242，减速比 1：242，
额定电压 12V，额定扭矩 1.5Nm，额定转
速 23r/min，额定最大电流 3 000mA，设
计了蜗轮蜗杆式的大负载针扎式采胶机。

图 4 - 137　多级减速针扎式
针刺采胶机

3. 大负载针扎式采胶机

（1）结构组成。针刺采胶机主要由
减速电机、齿轮齿条传动机构、导轨、发射组、刺针、限深机构、微
动开关等组成（图 4 - 138）；齿轮齿条传动机构由传动扇形齿轮、齿
条、导轨、弹簧构成，电机输出的动力传递到齿轮上，通过齿轮齿条
的啮合传动，实现发射组的前后移动；发射组由滑座、轴承、压片、
快换夹头、连接轴等组成，滑座上装有齿条，当电机带动齿轮驱动齿
条时，齿条带动滑座移动，弹簧被压缩，产生势能，当齿轮齿条无啮合
时，滑座推力撤销，弹簧的势能释放，变成动能，使发射组发射出去；
限深机构主要由限位块和前固定座组成，旋转限位块可调节刺针刺出的
长度，从而实现刺入树皮深度的可控性；微动开关保证扇形齿轮的启停
位置精确，进而确保装备的运行按 1 次仅刺 1 针的动作要求完成。

（2）运动机构三维实体模型建立及 Motion 分析模型设置与仿
真。运用 Solid Works 三维实体建模软件进行建模，设计各机构零件

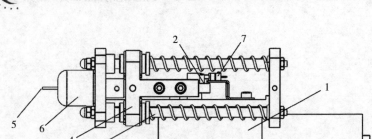

图 4 - 138　针刺采胶机传动结构示意图

1. 减速电机　2. 齿轮齿条传动机构　3. 导轨　4. 发射组
5. 刺针　6. 限深机构　7. 微动开关

并施加相应配合，装配成整机，为保证力传递平衡，发射轨道采用双轨式，如图 4 - 139 所示。

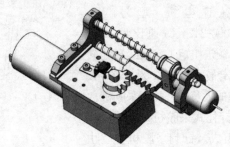

图 4 - 139　针刺采胶机三维模型图

开启 Solid Works Motion 插件，新建运行算例 1，选用 Motion 分析，添加引力；引力加速度数值等于重力加速度，约 9.8m/s²，方向竖直向下；设置固定约束；定义接触，齿轮齿条传动为钢对钢实体干式接触；发射器与限位挡块为铝对尼龙接触；设置零件刚性组：发射器刚组 3；机壳、底板、电机、限位器等固定件设置为一个刚组 4；施加弹簧力：按设计需求，在双轨道上，发射组与后挡板之间设置弹簧，弹性系数 2.9N/m，自由长度 100mm，线径 1.3mm，弹簧外径 8mm；设置输入旋转马达，为易观察，5s 电机转 1 圈，即 0～5s 期间，马达旋转距离数值为 360°，方向顺时针，如图 4 - 140 所示。

为使采胶时深度限位器端面可抵在树干上，刺针初始位需内置于深度限制器而不露出，如图 4 - 141 所示，装备的初始位为齿轮齿条的

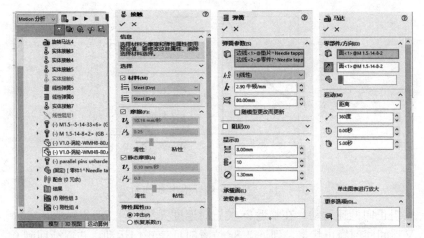

图 4-140 Motion 仿真分析相关参数设置

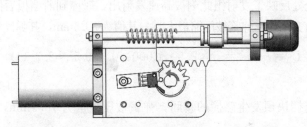

图 4-141 齿轮齿条初始位啮合状态示意图

预啮合，弹簧预压缩状态；并以此为初始状态进行 Motion 仿真分析。

（3）仿真结果图解与分析。

①发射组线性位移-时间的变化。由发射组线性位移-时间曲线及数据可知，线性位移从 0 开始，其值随时间增加不断增加，当接近 1.95s 位置时，达到最大值为 21.2mm，之后瞬间反向移动，达到反向的最大值 8.5mm，并保持此位置至 3.86s 时，反向位移开始减少，到原点位置时为 0，如图 4-142 所示。这反映了初始位时，弹簧被预压缩，齿轮齿条为啮合状态，使发射组脱离前挡板，且停在前后挡板之间的位置，这是为了使刺针缩回深度调节器内而不外露，确保深度调节器的端部可抵在树干上，确保采胶深度。

②发射组速度-时间的变化。由图 4-143 发射组速度-时间曲线可看出发射组 1 个运动周期速度随时间变化的过程，在启动装备后，发

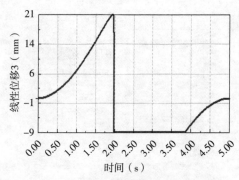

图 4-142　发射组线性位移-时间曲线

射组正向低速运动，在临近 2s 位置时速度突然转向、产生巨变，之后又瞬间回到静止状态，到近 3.8s 位置时低速正向运动，并逐渐回到 0位。突变处反映了发射组此刻被高速发射出，碰撞到前挡板后停止。

由前文知，在弹簧被压缩最大时，其值为 39.5mm，其弹性势能为

$$E_p = \frac{1}{2}kx^2 = \frac{1}{2} \times 2.9 \times 1\,000 \times 0.039\,5^2 \approx 2.3 \ (\text{J})$$

（式 4-34）

与前挡块预发生碰撞的瞬间，弹簧被压缩量为 18.5mm，此时弹性势能为

$$E_{p'} = 0.5 \ (\text{J})$$ （式 4-35）

依据动能定理，

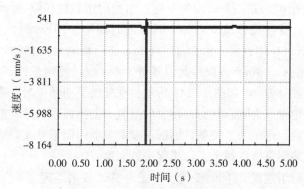

图 4-143　发射组速度-时间曲线

$$动能 \Delta E_k = \frac{1}{2}mv_{末}^2 - \frac{1}{2}mv_{初}^2 = \Delta E_p = 1.8 \text{（J）}$$

（式4-36）

初速度为0，可推算出末速度 $v_{末}$ 为8.8m/s，与仿真结果相近。

③弹簧反作用力-时间的变化。由发射组单周期线性位移-时间的变化可得出，在初始位，发射组与前挡板的距离为8.5mm，加上预压缩量10mm，此时，弹簧弹力 $F = k\Delta x = 2.9 \times 18.5 \approx 54$（N），1个工作周期内，发射组的总位移为29.7mm，即为弹簧被再压缩的行程，则弹簧总共被压缩39.7mm；此时弹力 $F = kx = 2.9 \times 39.7 \approx 115$（N）；在2s时，发射组已被发射出去，与前挡块接触，此时弹簧被压缩量为10mm，弹力为29N。

两组线性弹簧所受的反作用力-时间变化曲线如图4-144及图4-145所示，由图可知两组曲线形态一样，受力均匀平衡，初始时间为0s时，受反作用力为−54N，1.95s时增至最大值为−115N（反作用力），之后回到−29N状态，与上述计算结果一致。

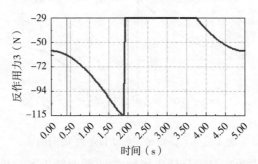

图4-144 线性弹簧1反作用力-时间变化曲线

④接触力-时间变化。本设计中齿轮齿条的模数选为1.5，齿轮分度圆直径为21mm，有效齿数为5，材质为碳钢，发射器组总质量为0.062kg；发射时，发射组在弹簧力释放瞬间被发射出，与前挡块发生碰撞直至静止。

由图4-146齿轮齿条传动接触力-时间变化曲线图及仿真数据得知，齿轮齿条接触力在时间为0起始位时为110N，1.95s时达到最大值230N，近2s之后，扇形齿轮与齿条脱离啮合，接触力为0，至

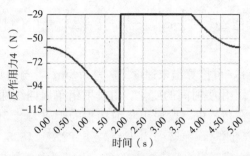

图 4-145　线性弹簧 2 反作用力-时间变化曲线

3.86s 时，齿轮齿条再次啮合，接触力为 59N，并随行程的增加，接触力也在增加，并回到初始位，接触力为 115N；相比较图 4-147 发射组线性位移-时间曲线，我们发现，两个曲线相同，由此可得，齿轮齿条啮合时的接触力值对等两组弹簧弹力的反作用力，弹簧被压缩量越大，接触力越大，反之则越小，齿轮齿条脱离啮合时，无接触力作用，发射组被射出。

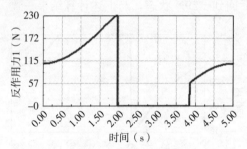

图 4-146　齿轮齿条传动接触力-时间曲线

　　由图 4-147 发射组与挡块接触力-时间曲线可知，该接触力在近 2s 的位置时发生激增突变，随后瞬间回落，这是由于发射组在此刻被射出，与前挡块发生碰撞产生了冲击力，导致接触力激增，其接触力为 752N，突变时间为 0.014s，此冲击力可使刺针刺入树皮。碰撞之后，在弹簧预压缩弹力的作用下发射组停止在前挡块位置，接触力回落至弹簧预压缩弹力值 29N，并保持至 3.86s，发射组被齿轮重新带回初始位置后脱离挡块，接触力变为 0。

　　⑤马达力矩-时间变化。由图 4-148 马达力矩-时间曲线中可知，从初始位起，马达力矩逐渐增加，到近 2s 处，力矩反向突变为正值，

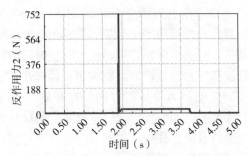

图 4-147 发射组与挡块接触力-时间曲线

再回 0，考虑这是由于齿轮齿条在传动的后期主要是轮齿顶部与条齿顶部的接触，由于轮齿顶部结构原因，导致齿条在脱离轮齿前顶点的接触后，在弹簧力作用下立即反向射出，之后再与轮齿的后顶点发生碰撞，导致齿轮受反向碰撞力作用，力矩值反向突变，齿轮齿条的齿与齿接触示意图如图 4-149 所示。

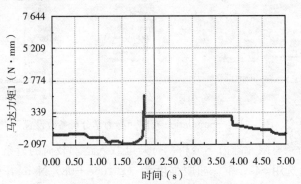

图 4-148 马达力矩-时间曲线

在运动的初始位，齿轮齿条完全啮合，接触力为 110N，齿轮的分度圆直径为 21mm，可算出其力矩为 $T = F \times r = 110 \times 10.5 = 1\ 155$（N·mm），在图 4-148 中亦有体现，电机在带动齿轮压缩弹簧至最大值时，反向力矩为 $-2\ 097$（N·mm），马达力矩-时间变化曲线可为电机的选型提供依据。

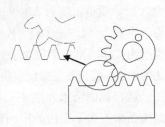

图 4-149 齿轮齿条齿与齿接触示意图

（4）关键零部件有限元静力学分析。在 Solid Works Motion 模块完成动力学仿真后，再运用 Solid Works Simulation 模块对关键零部件输入运动载荷，选择多画面算例，设置起止时间即运算步骤，步骤值越小，运算越精细，设计情形组数越多。再打开已输入运动载荷的零件，选择相对应的静力学分析算例，打开显示 Simulation 符号类型，即可查看外部载荷的位置，通过选择零件的材料并进行网格划分后可运行算例进行有限元分析，输出其应力应变云图，进行观察分析，保证各结构设计强度的可靠性。

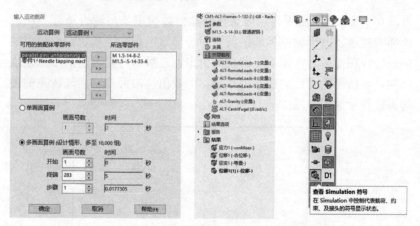

图 4 - 150　Simulation 有限元静力学分析参数设置

①齿条有限元静力学分析。打开已载入运动载荷的齿条三维零件图，材料选用 S45C 钢，屈服强度为（2.206e＋08）N/m²，张力强度为（3.998 26e＋08）N/m²，弹性模量为（2.1e＋11）N/m²，泊松比为 0.28，质量密度为 7 800kg/m³，抗剪模量为（7.9e＋10）N/m²，热扩张系数为（1.3e－05）/Kelvin。所用网格器为标准网格，设定网格类型为实体网格，单位大小为 1.290 17mm，公差0.064 508 4mm，雅可比为 4 点，将齿条三维模型共划分为9 378个单元格，节点数为14 825个。

运行算例结果如图 4 - 151 所示，由应力云图可知，最大应力点是齿条最右边 2 个齿的中间位置，而此处正好是齿条齿轮即将脱离啮合的位置，因此受到运动载荷作用的结果，最大应力为（8.206e＋04）N/m²，远小于材料的屈服强度（2.206e＋08）N/m²，结构设计合理。

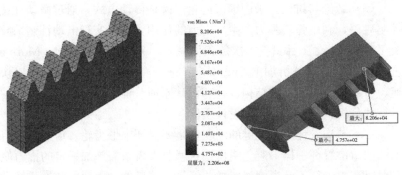

图 4-151　齿条网格化及应力分布云图

②齿轮有限元静力学分析。采用同样方式对齿轮进行有限元静力学分析，材质选择碳钢，屈服强度为（2.206e＋08）N/m²，张力强度为（3.998 26e＋08）N/m²，弹性模量为（2.1e＋11）N/m²，泊松比为 0.28，质量密度为 7 800kg/m³，抗剪模量为（7.9e＋10）N/m²，热扩张系数为（1.3e－05）/Kelvin。网格器为标准网格，设定网格类型为实体网格，单位大小为 1.020 29mm，公差 0.051 014 5mm，雅可比为 4 点，将齿条三维模型共划分为 9 397 个单元格，节点数为 15 096 个。

运行算例结果如图 4-152 所示，由运算结果应力云图可看出，应力最大值在销孔与电机孔间的薄壁处，大小为（9.060e＋06）N/m²，远小于屈服应力值（2.206e＋08）N/m²，安全系数为 24，设计可行。

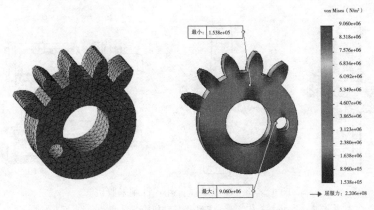

图 4-152　齿轮网格化及应力云图

（5）结论与讨论。采用扇形齿轮、齿条传动方式，通过微动开关控制启停，利用弹簧弹力产生冲击力的作用，可以实现电动针刺采胶机1次采1针、1针只扎1次的工作模式，采用 Solid Works Motion 进行动力学仿真分析加上 Simulation 进行有限元静力学分析可以快速、可靠地完成装备的结构设计和设计原理验证，以及零部件结构的可靠性分析，是很好的机械设计手段。

在本结构设计中，关键的问题点是要保证扇形齿轮、齿条每次启动的初始位置都一样，避免错齿，这就要求齿条需施加一定的推力使发射组在撞击后不产生剧烈反弹并停靠前挡板处，因此，此处弹簧设定了一个预压缩的状态，利用弹簧弹力阻止发射组反弹，在做 Motion 动力学仿真时可通过设计弹簧弹性系数及自由长度进行，仿真验证是否会被反弹，验证结果高效而准确。

在马达力矩的仿真结果中出现了反向突变的力矩，考虑是由于发射组在发射出去的瞬间与齿轮发生碰撞，导致其受到反向冲击力，这可能会影响装备的工作稳定性及寿命，因此设计中需要考虑齿形的优化，避免此类问题发生。

4. 多级减速针扎式针刺采胶机 该采胶机主要由采胶头、限深机构、齿轮齿条传动机构、启动开关、电池、电源开关、导向轴、发射模组、弹簧、多级减速电机、限位传感器、机壳等组成（图4-153）。机壳的前端设有可拆卸的限深机构，限深机构内设有刺针夹头和刺针，

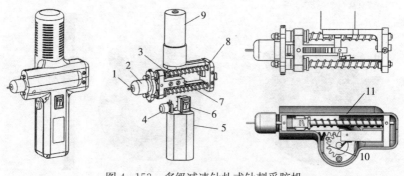

图4-153 多级减速针扎式针刺采胶机

1. 采胶头 2. 限深机构 3. 齿轮齿条传动机构 4. 启动开关 5. 电池
6. 电源开关 7. 发射模组 8. 弹簧 9. 多级减速电机 10. 限位传感器 11. 机壳

刺针夹头和刺针为可拆卸连接,减速电机通过传动机构带动发射组动作,发射组将势能转化为动能,从而使刺针模组推动刺针发射,发射组包括直杆导轨、弹簧、滑座和导轨固定座,导轨固定座固定于机壳内部,导轨固定座上平行设有两支直杆导轨,采用双杆式导向结构,将弹簧套入导向轴,使弹簧力垂直作用于滑座,运动更平稳。

但为省空间、简化机台结构,该机台电机的固定以及发射模组的纵向的限位需依靠机壳设计的挡边辅助,使得运动过程机壳受力较大,产生了较大的变形及异响,因此,整体性能不太理想。

(三)针钻式采胶机结构设计及功能验证

依据不同采胶方式需求,设计了四针均布群钻式、四针并排群钻式、两针群钻式等 3 种电动针刺采胶机型(图 4 - 154 至图 4 - 156),下面对 3 种采胶机进行结构设计及对比说明。

图 4 - 154　四针均布群　　图 4 - 155　四针并排群　　图 4 - 156　两针群
　　　　　　钻式　　　　　　　　　　钻式　　　　　　　　　钻式

1. 四针均布群钻式

(1)主要构成。四针均布群钻式针刺采胶工具主要由限深模组、针钻模组、齿轮箱、启动按钮、电源、机壳、电机等模块组成(图 4 - 157),其中齿轮箱由 1 个主动轮和 4 个从动轮啮合构成,4 个从动齿轮分别与 4 个针钻模组相连。

(2)工作原理。当手持式针刺采胶工具的电源线接通电源后,按下启动按钮开关,电机启动,通过电机带动齿轮箱运转,由齿轮箱的主动轮在啮合力的作用下,将动力传递给 4 个从动轮,从而带动 4 个针钻模组同时同向工作,完成 4 孔同时同向针刺采胶动作。

(3)采胶深度机构。采用上下两侧各安装 1 组限深机构来控制针钻的深度。限深机构由带刻度尺的导向杆(限深杆)、伸缩弹簧、蝶

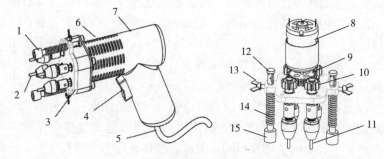

图 4-157　四针均布群钻式针刺采胶机

1. 限深模组　2. 针钻模组　3. 齿轮箱　4. 启动按钮　5. 电源线　6. 散热孔
7. 机壳　8. 电机　9. 主动轮　10. 从动轮　11. 针头　12. 限深杆
13. 蝶形螺钉　14. 弹簧　15. 优力胶

形螺钉、定位优力胶等构成。

（4）限深机构工作原理。在初始位置时，定位优力胶的端部与钻针的端部平齐，限深杆上的刻度指在零位；当钻针钻入树干时，限深杆反向等长伸出，所指的刻度即为针钻的深度，在预定的针钻深度时拧紧蝶形螺钉，限深杆固定，此时优力胶的位置即为后期每次钻孔深度的限定位。

（5）针钻模组。主要由齿轮、传动轴、轴承、铜夹、锁紧螺针钻头等构成；齿轮与传动轴一端固定，钻针通过铜夹与传动轴另一端固定，当齿轮传动时，钻针随之转动。锁紧螺帽可使钻针快速拆换。

2. 四针并排群钻式　为满足在同一竖直采胶带上同时钻 4 个采胶孔的需求，设计了四针并排群钻式针钻式采胶机，采胶针并排布置，间距为 20mm，由齿轮传动机构实现其同时钻孔操作。如图 4-158 所示，齿轮 1、2、3、4 分别与 4 个采胶针相连，在齿轮 5、6 的

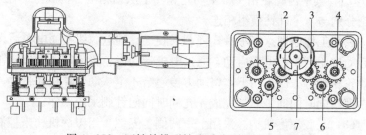

图 4-158　四针并排群钻式采胶机结构示意图

动力传递下实现同步联动，动力来源于主动齿轮 7，齿轮 7 与电机相连。电机选择 550 直流有刷电机，动力强劲，12V 电源内置于本体内，可实现拆换快速充电功能。设计的 4 根导向杆机构使钻取操作更平稳。

3. 皮带传动式两针群钻式　为实现同时钻取 2 个采胶孔的需求，设计皮带传动式两针群钻式采胶机（图 4 - 159），两个采胶针间距 10cm，分别与两个皮带轮相连，其中一个带轮与电机相连，在皮带传动机构作用下带动另一带轮传动，从而实现两孔同步采胶功能。电机选用 370 系列，12V 电池内置于装备本体内，可拆换充电，结构小巧。设计的 4 根导向杆机构使钻取操作更平稳。

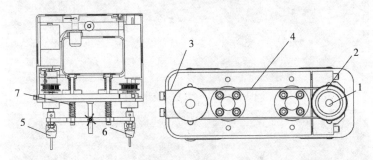

图 4 - 159　皮带传动式两针群钻式采胶机结构示意图
1. 电机　2. 主动皮带轮　3. 从动皮带轮　4. 皮带
5. 刺针 1　6. 刺针 2　7. 导向机构

（四）试验与结果

通过对不同采胶针形状与直径、采胶针不同切割方式、不同采胶孔数量及采胶位置、不同刺入深度等对采胶结果的影响进行研究，探索针刺采胶新技术新方法，确定刺针的材料、形状结构、数量及针刺形式，达到农艺与农机的耦合，既尽量避免伤树，又可获得理想产量。

本试验目的在于获得采胶方式、采针形状、直径大小、采胶孔数、刺入深度与产量的关系数据。试验流程如图 4 - 160 所示，部分试验操作如图 4 - 161 至图 4 - 162 所示。

1. 钻-扎不同采胶方式对产量影响试验　在树周离地高度 1.2m 的 4 个方向均布长 500mm、宽 15mm 的采胶带，涂 2.5% 的乙烯利，4.5d 后针刺 4 个孔采胶，孔径 1mm，孔距 60mm，孔深 7mm，进行

```
┌─────────┐   ┌─────────┐   ┌─────────┐   ┌─────────┐   ┌─────────┐
│试验材料进│   │         │   │安装胶圈及│   │胶树上挂编│   │开刺激带涂│
│场及工作间│──▶│试验区分工│──▶│  胶碗    │──▶│号标牌    │──▶│刷刺激剂  │
│  布置    │   │         │   │         │   │         │   │         │
└─────────┘   └─────────┘   └─────────┘   └─────────┘   └─────────┘

┌─────────┐   ┌─────────┐   ┌─────────┐   ┌─────────┐   ┌─────────┐
│3个月后观│   │记录产量 │   │测量产量及│   │         │   │         │
│察伤树情况│◀──│数据结果 │◀──│干含      │◀──│  收胶    │◀──│按方案采孔│
└─────────┘   └─────────┘   └─────────┘   └─────────┘   └─────────┘
```

图 4 - 160　试验流程

图 4 - 161　多款采胶试验机

图 4 - 162　开采胶带及针刺试验照片

钻与扎不同采胶方式的试验，做 5 个重复，初步试验结果显示，钻比扎产量高（图 4 - 163）。

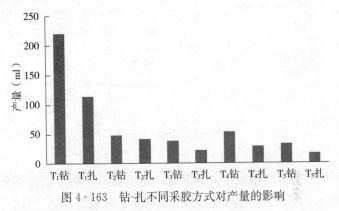

图 4 - 163　钻-扎不同采胶方式对产量的影响

2. 不同采胶孔数量对产量影响试验　在树周离地高度 1.2m 的 4 个方向均开长 500mm、宽 15mm 的采胶带，涂 2.5% 的乙烯利，4.5d 后分别针刺 4 个采胶孔与 2 个采胶孔，孔距 60mm，孔深 7mm，观测产胶情况，如图 4 - 164 所示，2 孔采胶产量明显低于 4 孔。

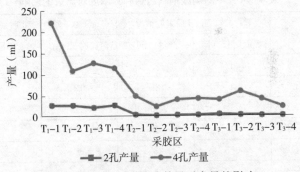

图 4 - 164　不同采胶孔数量对产量的影响

3. 不同采胶孔径对产量影响试验　在树周离地高度 1.2m 的 4 个方向均开长 500mm，宽 15mm 的采胶带，涂 2.5% 的乙烯利，4.5d 后分别在不同刺激带上针刺 4 个 1mm 采胶孔与 4 个 2mm 采胶孔，孔距 60mm，孔深 7mm，观测产胶情况。试验结果显示，直径 2mm 采胶孔的产量要比直径 1mm 采胶孔产量稍高（图 4 - 165）。

4. 不同乙烯利浓度对产量影响试验　对橡胶树施加不同浓度的

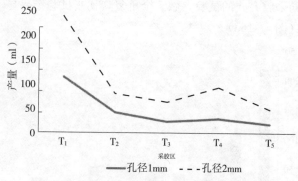

图 4 - 165　不同采胶孔径对产量的影响

乙烯利（ET）进行采胶，观测其对产量的影响，初步试验结果如表 4 - 21 所示，2％乙烯利刺激后的产量极小，流胶时间短，2.5％乙烯利刺激后流胶时间加长，产量大幅提升，因此，一定范围内，刺激剂乙烯利浓度越高，产量越高，但增加刺激剂浓度可能会对树皮刺激过度造成灼伤或死皮，需把握好范围。

表 4 - 21　不同刺激剂（乙烯利）浓度对产量的影响

序号	针刺带	ET 2％，1.5d 后采胶情况		ET 2.5％，4.5d 后采胶情况	
		流胶时长（h）	产量（ml）	流胶时长（h）	产量（ml）
1	T_1-1	1	25	12	220
2	T_1-2	1	25	12	107
3	T_1-3	1	20	12	125
4	T_1-4	1	25	12	113
5	T_2-1	0.5	3	9	47
6	T_2-2	0.2	1	9	22
7	T_2-3	0.2	2	9	39
8	T_2-4	0.2	2	9	41
9	T_3-1	0.5	4	9	38
10	T_3-2	0.2	2	9	58
11	T_3-3	0.2	1	9	40
12	T_3-4	0.2	1	9	22

（五）存在问题及解决办法

设计之初，为减短装备的整体长度，双杆式结构中的滑座为 T 字形，结构验证中发现，在齿轮推动齿条运动过程中，由于直线轴承存在一定间隙，且齿条的受力位未与轴承受力在一直线上，导致滑座运动过程中翘曲，与机壳产生干涉，另外也使直线轴承与导轨在纵向受力不均衡。因此优化了第二代，即加长了滑座受力面的长度，同时加长直线轴承长度，为加强轴承耐用度，在滑座前端设置了一根导向轴达到限位作用，减少直线轴承异常受力因素（图 4-166）。

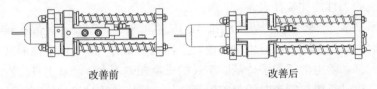

改善前　　　　　　　　　　改善后

图 4-166　采胶机滑座结构示意图

相比第一代针扎式针刺采胶机，第二代未再出现断针现象，而且对新老橡胶树均可顺利刺入。第二代不同于第一代的主要特点：一是取消了针头浮动式结构，且加装了快换夹头，针头通过快换夹头固定于滑座，在导轨及直线轴承导向作用下，刺针直线刺入树皮，运动过程轨迹更平稳，因此避免了跑偏受力不均而断针的情况；二是改变了刺针退回的方式，第一代针扎式针刺采胶机的刺针在完成刺入动作后，在压缩弹簧的反作用下被推出树皮，而第二代在完成针刺动作后，在齿轮齿条传动作用下，固定在齿条上的发射组被反向退回初始位，从而使刺针被稳步拔出。

对于齿条冲击模组在射出之后，会因发生碰撞而受到反向的撞击力，导致冲击模组被弹回、齿轮齿条不在指定啮合位、无法实现传动要求的问题，第二代针孔式针刺采胶机设计加长了弹簧长度，并在滑座与前挡块接触时留有一定的预压力，可抵挡前挡块接触后受到的反作用力，使滑座不反弹，保证齿轮齿条在指定啮合位。

由于树龄不同、品种不同，所需的剪切力也不同，要使采胶机实现产业化应用，就需要设计具有通用性、广适性的采胶机，需要在结构设计上模块化，工作性能要可靠稳定。升级优化的大负载针扎式采胶机加大了电机的功率和扭力，可满足新老胶树的切割力要求，适用范围更广。

第五节　便携式电动采胶机的性能对比分析

一、电动割胶刀与传统胶刀性能对比分析

从人力工具到机械化机器，割胶过程中，在成本、割胶技术难度、劳动强度、效率、效果等方面，都有较大差异。为了比较各自的优缺点，将电动割胶刀与传统胶刀性能进行对比分析，电动割胶刀与传统胶刀性能比较如表 4‐22 所示。

从表 4‐22 中得出以下结论。①从重量来看，割胶工具都比较小巧轻便，电动工具配有供电电池，总体重量相对大些，但电池通常挂在腰部，除电池外的手持割胶工具的重量相差不大。②从工具性能来看，电动采胶机割胶时的割胶深度和耗皮厚度是通过机械控制的，割胶作业时，具有对胶工技术要求较低、劳动强度较小、效率更高、新胶工培训时间短、节本增效明显的优势。相同劳动强度或相同割胶时间，电动采胶机完成的割胶株数更多。特别是针采工具，由于只是打孔取胶，技术要求更低、劳动强度更小，与割皮取胶相比更占优势，其效率提升更明显。③从采胶效果来看，在作业功能、耗皮量、割胶深度、胶水清洁度、产量、割面平滑度等方面，往复切削式电动割胶刀效果基本与人工割胶一样，而旋转铣削式电动割胶刀在起收刀深度、胶水清洁度、老胶线缠绕、产量方面仍存在不足。因橡胶树的树皮厚度不一致、针采工具打孔取胶对采胶深度难以精准控制，导致深度不够或过深伤树，产量仅为传统割胶的 50%～60%，且耗皮量过大，因此在生产上难以大面积推广。④从购机成本来看，因电动割胶刀需要电机、电池、传动部件及加工精度要求，成本比传统胶刀贵十几倍。但新胶工培训节约的成本可购置 1 台以上的机器。使用过程中，相同时间或相同劳动强度下，一个胶工割胶面积可增加 30%～40%，同时减少树皮消耗量、伤树率和胶工磨刀时间，增效足以弥补电动割胶刀购置成本，其经济效益远高于人力割胶刀，因此，是未来采胶工具发展主流趋势。

表 4-22　电动采胶机与传统人力采胶工具性能比较分析

型号 项目	传统人力采胶工具			电动采胶机		
	推式割胶刀	拉式割胶刀	采胶针	电动针采机	旋转铣削式电动割胶刀	往复切削式电动割胶刀
整机重量（g）	150~250	200~500	200~300	500~600	700~900	700~900
动力来源	人力	人力	人力	小型有刷电机	小型有刷电机	小型无刷电机
单株割胶时间（s）	10~16	10~16	4~6	3~4	6~12	5~8
胶园割胶效率	100%	100%	150%	170%	110%~120%	130%~140%
每小时割胶株数	120~150	120~150	180~250	220~300	140~160	160~200
刀片修磨（刀次）	300	300	3 000	5 000	≥2 000	≥3 000
机械振动（m/s²）	—	—	—	≤2.0	≤2.5	≤3.0
动力电池	—	—	—	铅酸电池	锂电池	锂电池
胶工每天工作量（株）	400~500	400~500	600~1 000	1 000~1 200	500~600	600~800
作业功能	开水线、新开割线、阴阳刀、高低线推割	开水线、新开割线、阴阳刀、高低线拉割	扎孔取胶	扎孔或钻孔取胶	阴阳刀、高低线推割或拉割	开水线、新开割线、阴阳刀、高低线推割
耗皮厚度和割胶深度控制	胶工凭经验、手感、力度、眼睛观察掌控	胶工凭经验、手感、力度、眼睛观察掌控	针孔大小一致、深度可调可控	针孔大小一致、深度可调可控	特殊的限位导向装置控制	特殊的限位导向装置推割
切割树皮	片状、胶水无污染	片状、胶水无污染	胶水无污染	胶水无污染	碎片或粉末、胶水有污染	片状、胶水无污染

（续）

型号 项目	传统人力采胶工具			电动采胶机		
	推式割胶刀	拉式割胶刀	采胶针	电动针采机	旋转铣削式电动割胶刀	往复切削式电动割胶刀
起收刀	整齐、够深	整齐、够深	够深	够深	圆弧状、深度不够	整齐、够深
割面	胶工技术水平高、平顺整齐	胶工技术水平高、平顺整齐	—	—	胶工技术水平高、平顺整齐	胶工技术水平高、平顺整齐
老胶线	可根据需要撕或不撕	可根据需要撕或不撕	—	—	割胶前需要手撕	可根据需要撕不撕
树皮年消耗量（cm）（d/3）	11~15	11~15	150~200	150~200	11~13	11~13
割胶技术难度	100%	100%	10%~20%	10%~20%	40%~50%	30%~40%
劳动强度	100%	100%	50%~60%	20%~30%	40%~50%	40%~50%
新胶工培训时间（d）（培训成本，元）	25~30（2 000~2 400）	25~30（2 000~2 400）	0.5~1.0（50~100）	0.5~1.0（50~100）	3~5（240~400）	3~5（240~400）
采胶有效深度（一级胶工）	>98%	>98%	60%~70%	60%~70%	>95%	>95%
产量（一级胶工）	100%	100%	50%~60%	50%~60%	80%~90%	95%~105%
伤树情况（一级胶工）	<1%	<1%	30%~40%	30%~40%	<1%	<1%
购置成本（元/台）	30~120	30~120	40~50	300~500	700~1 000	800~1 200

二、存在的问题

由于天然橡胶是多年生作物，其收获物是液态胶乳，具有极强的黏连性，来源接近形成层的乳管，橡胶树树皮厚度、树干形状极不规则，与传统作物如水稻、大豆、小麦等一年生作物籽粒、全株收获有很大区别，其对采收技术和标准有极高要求，因此机械采胶一直是世界性难题，国内外研究了近 40 年都难以突破关键技术，无成熟的加工制造工艺可参照。近年来，便携式电动割胶刀取得了重大突破，并开始在生产上推广应用。但在树干仿形、切割深度和耗皮厚度精准控制、老胶线快速去除、加工制造精度、部件材料的耐用性、生产加工制造与维护成本等方面，仍需不断优化改进。此外，传统人力胶刀已使用 100余年，电动割胶刀要完全替代传统人力胶刀，仍是一个缓慢的过程。

三、未来展望

实践证明，便携式电动采胶机有着传统人力胶刀无法比拟的优势，是割胶工具一种里程碑式的变革。使用传统割胶工具割胶，对技术要求高、操作难度大，胶工掌握技术的程度直接影响天然橡胶产量和橡胶树的健康情况；同时，机械化采胶工具已在生产上开始投入使用，拓展了胶工来源，降低了技术难度和劳动强度，缓解了割胶劳动力短缺、胶工老龄化等问题，同时有助于增加橡胶树的寿命和产量。割胶工具的变革，将降低橡胶生产成本，提高劳动效率，有助于推动天然橡胶产业的可持续发展。

针刺采胶具有较好的研究基础，在理论和实践上是可行的，且针刺采胶速度较传统割刀快，能获得较理想的产量，生产制造较其他采胶机械更为简单、成本更低廉，但仍存在以下问题：针刺深度不易控制，易伤树而形成"木钉"；影响现生皮及乳管的再生，进而影响后续产胶；针刺伤树后，易引起树皮干涸，从而影响胶树生长与再生皮割胶；产量与传统割胶相比仅为 50%～70%；采胶针易弯易折断。电动采胶针具有以下问题：机械结构设计、针刺方式不合理，导致机械故障、老胶线缠针；刺针弯针现象较多，刺针材料、强度需要优化提升；能耗高、电池续航时间不长；制造工艺有待提升，防水性能不足导致开关经常失灵而无法启动等。

便携式电动割胶刀主要包括旋转铣削式和往复切削式两大类。近年来研发的电动割胶刀，在切割方式、动力匹配、整机小型化集成、效率、可操作性、对割胶深度和耗皮量的控制等方面，都有了很大的进步，较传统割胶刀有明显的优势，成为产业关注的热点，也迈出了在生产上应用的重要一步。但这两类电动割胶刀也存在明显的优劣区别：往复切削式电动割胶刀，其切割形式、割胶效果、用途等，与传统割胶刀非常接近，且解决了割胶深度、耗皮厚度的机械控制和切割动力等核心问题，老胶线不缠刀，切割下来的树皮呈片状，起收刀够深、够整齐，对胶水无污染，因而胶工接受度较高，但不足之处是机械结构相对复杂，对整机加工精度、材料耐磨性要求较高；旋转铣削式电动割胶刀，其切割形式与传统割胶刀有明显的区别，解决了割胶深度、耗皮厚度的机械控制和切割动力等核心问题，传动结构相对简单，加工精度及材料耐磨性要求相对低些，但不足之处是老胶线易缠刀，割胶前需人工去除老胶线，切割下的树皮多呈碎片或粉末状、对割面和胶水有污染，起收刀不够整齐、呈圆弧状，易造成减产。

便携手持式电动割胶刀采用对称切割刀片和特殊拱桥形限位导向器，并可根据实际需要连续可调，实现了割胶深度和耗皮厚度精准控制；采用无刷电机、偏心轮、驱动刀叉进行协同工作，实现了仿形传统割胶模式的往复运动切割模式；以标准割线为基准线割胶，实现了对复杂树干形状的科学仿形，减少了对胶树的伤害，割胶效果达到了生产采胶技术标准要求；实现了低振、高可靠性割胶作业，并采用平衡飞轮、偏心驱动轴有效减小机械振动和噪音；配备高效、安全专用动力锂电池和耐磨切割刀片，定制专用无刷电机，部件高精度配合，确保了装置的可靠性和稳定性；可根据橡胶品系、树龄和割制需要，自由调节割胶深度、耗皮厚度、动力转速；也能够根据胶工割胶习惯和生产需要，新开割线、水线、高低线、阴阳刀割胶，推割或拉割，具有多用途和广适性，提升割胶效率30%～40%，将割胶技术难度和劳动强度降低60%。

当前人力割胶工具落后，割胶成本占生产成本的70%以上，已成为制约天然橡胶产业发展的痛点问题。随着天然橡胶产业、社会经济和科技的不断发展，割胶工具的变革是必然趋势。天然橡胶产业要实现现代化，采胶工具必须实现机械化、自动化、智能化，未来产业将呈现电动采胶机和全自动智能化采胶机器人高低搭配、农艺农机融合的新模式。

本章小结

我国天然橡胶种植面积超 115 万 hm²，但仍以人力割胶为主，其劳动成本占生产成本的 70% 以上。近年来，金融危机及国际石油价格大幅下降，加之合成胶技术实现突破、生产成本日益降低，均对天然橡胶产业产生了巨大的影响，国际天然橡胶价格持续低迷；再加上劳动力资源日趋紧张，劳动力成本日益增加，植胶企业亏本经营，许多青年胶工外流，年轻人不愿加入胶工队伍，胶工老龄化严重，产业工人严重缺乏，胶园胶树弃割、弃管现象日益严重，产业每年损失数十亿元以上。因此，生产与管理的机械化、智能化、信息化是产业破解用工荒、有效降低人力成本的必然选择。然而，机械采胶一直是世界性难题，经过近 40 年的研究虽取得了一定的进展，但要实现在生产上大面积推广应用仍然任重道远。究其主要原因：一是采胶要求的特殊性、复杂性，现有采胶机械性能基本无法完全满足采胶标准要求；二是制造成本高，生产上无法承受；三是现行割胶体制，每年 4—12 月割胶，伤树率严格控制在 5% 以内，生产周期长达 30～40 年，再生皮割胶等；以及胶树树干树皮差异大、地形环境复杂等原因，都极大地限制了采胶机械的研发与应用。

面对当前胶价持续低迷、产业需求急迫、胶工严重短缺常态化的现状，首先要改变现有割胶体制及采胶技术标准要求，也就是一些专家呼吁的集中"两优期"割胶（在胶树旺产年龄段、每年高产季节割胶），人为缩短胶树经济周期，减少低效、高成本的投入；其次是利用特殊的采胶工具，增加树干采胶高度和原生皮割面面积，减少甚至不割再生皮，在当前因胶树树皮厚度千差万别、技术无法完美解决伤树问题的情况下，不要让伤树成为制约采胶机械研究与应用的"拦路虎"；最后，在改变割胶体制与采胶技术标准的前提下，将采胶高效率和轻简化的便携式采胶工具、获得较为合理产量（而不是最高产量）作为采胶机械技术与实践应用突破的重点，大幅降低劳动强度、采胶技术难度，大幅增加胶工单位采胶面积，从而有效降低采胶成本、增加胶工收入，才能破解当前困境，迎来生机。

第五章 4GXJ型电动割胶刀的推广应用

电动割胶刀的研发始于20世纪80年代，但由于结构设计复杂，加工精度和耐用性、实用性难以达到要求，体积大且笨重等原因，一直未能在生产上推广应用。近年来，随着科技的进步，工业技术水平大幅提升，研制并应用便携式电动割胶工具成为可能。中国热带农业科学院橡胶研究所团队历时4年科技攻关，攻克了一系列技术、加工制造工艺难题，成功研制出4GXJ型便携式电动割胶刀，使割胶效率提升30%～40%，降低割胶技术难度和劳动强度60%，受到业界院士专家的高度认可，性能世界领先，率先实现了采胶机械"从无到有"的突破，填补了该领域的装备空白，被列为海南省2021年农业主推技术，纳入海南省农机专项补贴，该电动割胶刀的应用减少了割胶对专业技术工人的依赖，缓解了产业用工荒，对于降低人力成本，提高生产效率，助力产业节本增效、实现可持续发展具有重要意义。

第一节 电动割胶刀加工制造工艺标准

一、电动割胶刀团体标准

为了规范电动割胶刀的生产工艺、保障装备质量，制定了电动割胶刀首个团体标准（标准编号：T/NJ 1196—2020/T/CAAMM 65—2020）如图5-1所示，详细内容见本书末附录一。该标准的制定对于电动割胶刀的产业化应用具有重要意义。

图 5-1　电动割胶刀团体标准

二、电动割胶刀专项鉴定大纲

　　天然橡胶是胶农家庭重要的收入来源，在实施乡村振兴中发挥了重要作用。由于胶价持续低迷，胶农收益受到较大影响。为此，在海南省政府的支持下，中国热带农业科学院橡胶研究所、海南省农业机械鉴定推广站制定了电动割胶刀专项鉴定大纲，详细内容见书末附录二，将 4GXJ 型电动割胶刀纳入海南省 2021—2023 年农机专项鉴定产品补贴额目录（图 5-2），惠及胶农，同时 4GXJ 型电动割胶刀也被列为海南省 2021 年农业主推技术。

图 5-2　农业机械试验鉴定证书

第二节　电动割胶技术规范

为了实现使用电动割胶刀进行标准化、规范化割胶，提升割胶技术水平和效果，由电动割胶刀研制单位中国热带农业科学院橡胶研究所、加工制造企业四川辰舜科技有限公司联合制定了《电动割胶刀割胶技术规范》企业标准（标准号：CRRI-CYKJ-001-2020），详细内容见书末附录三。

第三节　电动割胶刀的推广应用情况

一、基本情况

（一）适宜区域

4GXJ 系列便携式电动割胶装备与技术主要应用于天然橡胶机械采胶领域，适用于植胶国家，可解放部分产业劳动力从事其他经营，增加胶工家庭收入。目前已在中国、越南、泰国、印度、斯里兰卡、缅甸、老挝、柬埔寨、马来西亚、印度尼西亚等国家推广应用。

电动割胶刀成为积极服务国家"一带一路"倡议的科技亮点，并在助力海南省白沙县、琼中县乡村振兴和疫后复工复产中发挥了良好实效。受到中央电视台、光明日报、新华社、科技日报、中兴网、农民日报、海南日报、海南电视台等媒体报道近 50 次，引起世界植胶国广泛关注。

（二）生产应用机型

目前，根据树皮切割形式的不同，电动割胶刀主要可分为往复切削式及旋转铣削式两大类型，其中旋切式电动割胶刀虽然结构设计要求简单，生产制造成本较低，但在实际大田应用中存在以下问题。①旧胶线缠绕。割线上会残留上一刀次割胶后、胶水干涸形成的旧胶线，切割刀片在旋转切割时其转动轴和刀片容易被旧胶线缠绕，从而干涉割胶、影响速度。②树皮碎屑污染胶水。经过旋切刀切割的树皮一般呈碎屑或粉末状，碎屑或粉末状树皮在旋转刀片的带动下向四周飞溅排出，树皮碎屑常混入液态胶水或落入胶杯中造成胶水污染；不仅如此，一些留在割线表面的树皮容易导致排胶过程中胶水外溢、影响胶水收集。③下刀收刀切割不到位。为保证割胶不伤树，旋切式切割刀片一般需要配合包裹形导向器使用，刀片切割范围虽能够被有效限制于导向器包裹结构内，提升防伤树效果，但下刀及收刀位置的拐角处是该类型结构的切割盲区，导致下刀收刀切割不到位，影响了胶水产量。

往复式电动割胶刀采用切割刀片来回运动的方式进行树皮切割作业，极大程度地模仿了传统人工胶刀的刀片切割运动形式，虽然其设计结构相对复杂，生产制造工艺要求较高，但装备适用性强，符合目前割胶实际生产应用需求。由中国热带农业科学院橡胶研究所的机械割胶团队研发的4GXJ型往复切削式电动割胶刀实现了割胶深度和耗皮厚度的精准控制，克服了旋转铣削式电动割胶刀的不足，有效降低割胶技术难度和割胶作业强度，目前推广应用范围较广，市场占比超过70%。4GXJ型电动割胶刀在生产制造上，先后与宁波、四川、江苏等优质机械制造加工企业联合，共同进行电动割胶刀零部件加工工艺、材料性能、安装配合精度等生产技术研究，并对前期所生产机器进行了疲劳测试，经过长时间及高强度运行试验，观测各部件磨损量、散热性、结构强度等性能参数，测试结果显示电动割胶刀各项性能指标均达到设计预期目标。建立了我国首条电动割胶刀零部件制造及组装自动化生产线，实现电动割胶刀的量产，批量生产后，对每批次电动割胶刀进行了激光编码，跟踪每台机器在实际使用中所遇问题，逐步摸索出一套完善的加工制造工艺和质量管控流程，形成企业加工制造标准、团体标准，确保了部件加工质量的一致性和稳定性，在保证电动割胶刀生产质量的同时增强了其作业可靠性，为电动割胶刀推广应用奠定坚实基础。

（三）电动割胶刀生产应用岗前培训

为让新胶工迅速掌握电动割胶刀的使用方法和技巧，使用电动割胶刀上岗割胶作业前，一般需要接受该装备的使用培训课程。电动割胶刀培训课程一般以理论为辅、实践为主的形式开展。理论培训主要介绍电动割胶刀的机器特性、内部结构及使用安全事项，重点介绍机器的安装、调节及使用技巧；实践培训中，培训老师对学员进行一对一培训，纠正学员实操训练过程中出现的错误动作及操作，并根据学员的使用习惯调节机器作业参数及制定操作方式。根据实际培训情况，新胶工培训时间一般为5～7d，显著少于使用传统胶刀胶工所需的 1 个月培训时间，且部分接受能力较强的年轻胶工所需培训时间更短。为让新手胶工更快更轻松掌握电动割胶刀使用技巧，依据生产上的采胶技术规程及生产要求，结合技术胶工操作经验，制定了一套高效轻简的电动割胶刀操作技术指导教程，形成电动割胶刀技术企业标准规范，为今后建立标准高效的电动割胶刀培训课程形成了重要的参考依据。电动割胶刀简单易学的优势增加了割胶岗位的可替代性，对于拓展胶工来源、缓解产业用工荒难题，恢复弃管、弃割胶园生产管理作业具有积极推动作用。

二、电动割胶刀组织模式

（一）针对产业重大需求，以项目为纽带组织攻关技术难题

天然橡胶产业存在效益不高、技术胶工老龄化、人员流失严重等问题，整体割胶技术水平下降明显，割胶作业中存在割胶管理不规范、伤树率高、耗皮量大等突出问题，胶工割胶劳动强度大、技术要求高、效率低、作业环境恶劣等现状，均使产业和胶工对革新割胶工具、提升割胶速度、降低技术难度和劳动强度有迫切需求。

针对产业重大需求，以国家重点研发计划项目为纽带，凝聚研发优势力量，发挥各自优势，资源共享，开展跨行业、跨领域大协作、大协同，农机农艺深度融合，机电一体化设计，攻克了机械采胶关键技术难题，创新研发电动割胶刀，将以前割胶主要对胶工的技术依赖转变为机器主导、人力辅助，割胶深度和耗皮量由机械标准化控制，大幅降低了割胶技术难度和劳动强度，并在生产实践中，经过不断总结、完善和改进技术措施以及加工制造工艺，再实施，最终形成成熟产品和配套标准化割胶技术。

（二）针对集体经营农场，采用"科研＋农垦＋农场"的组织模式

我国农垦橡胶种植占比约45%，农场为经营主体，组织集约化程度高、组织体系相对健全。中国热带农业科学院橡胶研究所在天然橡胶新技术研发应用领域一直拥有权威性和主导性，植胶几十年来，与国内三大农垦及下属农场有着长期技术合作，采用"科研＋农垦＋农场"的组织模式，由农垦推动，下属农场负责集中组织农场胶工代表、生产管理人员、技术人员，进行理论与示范同步教学，再辐射带动其

他胶工学习技术成果，并进行集中连片应用示范，效果良好。

（三）针对个体经营胶农，采用"科研＋地方政府（机构）＋农户"的组织模式

我国民营个体橡胶种植占比约55％，存在种植区域广、每户面积小而分散、胶农文化水平不高、长期缺乏系统割胶技术培训、割胶水平低、伤树严重等问题。橡胶研究所组建科技服务中心和科技服务团，长期对接地方政府机构，开展技术指导、成果转移转化、服务地方"三农"工作。采用"科研＋地方政府（机构）＋农户"的组织模式，由地方农业农村局、乡镇农业管理部门、农技推广部门、村委会、合作社组织辖区内橡胶种植户参与培训，科研单位带着技术成果下乡、进村、入户，点对点、面对面开展培训，通过现场示范、手把手指导、经验交流分享等方式，让普通胶农、新胶工短期内掌握新技术成果并开展应用。同时，在各村镇选择悟性好、学习能力强的胶农代表重点培训，掌握新技术后，用本地语言向身边其他胶农讲解技术要点、亲身体验，辐射示范带动，起到了良好效果。

（四）针对脱贫胶农，采用"科研＋地方政府"无偿资助扶持组织模式

个体种植户中，存在相当一部分重点人群和曾经建档立卡贫困胶农，割胶技术水平较差、文化水平低、经济能力弱、缺乏挣钱技能，采用"科研＋地方政府"无偿资助扶持组织模式。科研单位利用推广项目资金＋地方政府扶贫资金，向该类胶农免费发放电动割胶刀，技术专家免费上门服务，并指导橡胶种植、管理、割胶、病虫害防控等，使其掌握科学的种、管、养、收技术，鼓励其割胶致富。仅海南儋州、琼中、白沙地区受惠胶农就达4 200余户。在2020年新冠疫情后，技术专家积极响应政府号召，到田间地头指导胶农掌握新技术、新成果，帮助其恢复割胶生产，发挥了良好实效。

（五）针对"一带一路"植胶国，采用"科研＋国际组织＋政府机构"的组织模式

我国是世界橡胶生产国成员之一，种植面积和产量世界排名分别为第三、第四。中国热带农业科学院橡胶研究所为国际橡胶组织IRRDB理事单位，先后有两位科学家担任IRRDB主席，与世界植胶

国各科研机构、橡胶主管部门等有长期、深入、广泛的合作交流。利用该资源优势,对"一带一路"沿线植胶国,采用"科研+国际组织+政府机构"的组织模式,由植胶国政府部门或科研机构组织植胶农场负责人、技术人员、胶工等参与培训和技术成果应用。

(六)针对推广服务难的问题,采用现代信息技术组织管理模式

针对国内外橡胶分布地域面积大,用户分散,推广销售、售后服务、技术指导难等问题,与国内外经销商联动,构建了技术成果推广、服务网络;对电动割胶刀注册商标、激光印刻唯一专属编码,减少假冒伪劣产品坑农现象;对用户进行信息登记、建立售后服务数据库,便于跟踪服务;利用新型社交媒体,通过用户微信群、QQ 群、美篇等及时进行技术分享交流和售后问题处理,有效提升了服务质量。

三、电动割胶刀推广模式

(一)创新机制,构建"研-企-产-商-训-媒"的推广模式

科研单位利用资源、技术、智库优势,组织研发、集成便携式电动割胶刀技术,联合优势加工制造企业共同攻关电动割胶刀加工制造工艺、建立生产线实现量产,国内外垦区、政府主管部门(机构)、植胶农场、个体户进行大田应用,国内外销售商联合构建营销与售后服务网络,协同开展形式多样的线下面对面/点对点和线上公众号、微信、QQ、抖音、数字视频等技术培训,借助国家级、省级主流媒体对技术成果、推广应用情况进行宣传报道,提升技术成果知名度。

(二)多举措联用,培育推广应用市场

1. 召开成果发布会宣介技术成果 2017 年 4 月 25 日,在海南儋州举办了技术成果首次新闻发布会与推介会(图 5 - 3);2017 年 5 月 25 日,联合云南农垦局在西双版纳举办技术成果新闻发布会与推介会(图 5 - 4)。推介会邀请了农业农村部农垦局、海南省科技厅、海南省农业农村厅和三大植胶区的相关领导、加工制造企业、植胶农场、橡胶种植大户代表,以及新华社、光明日报、农民日报、省级媒体代表等共 300 多人参加,产生了较大的社会影响力。

2. 举办技能"大比武"展示技术成果 2020 年 8 月 27 日,协助白沙县人民政府举办首届电动割胶刀技能大赛,100 余名胶工参赛。

图5-3　海南儋州新闻发布会
现场

图5-4　云南电动采胶新技术
现场演示会

2022年3月31日，联合中国热带农业科学院试验农场举办院里首届电动割胶刀技能大赛，25名胶工参赛。2021年10月19日，派代表参加全国割胶技能比赛；2022年11月11日，在海南白沙黎族自治县举办了第七届割胶技能大赛。"比武"大赛激发了胶工使用电动割胶刀的热情，提升了新装备、新技术的宣传推广力度。

3. 联合经销商构建推广服务网络　与国内电动工具制造商签署了4GXJ型电动割胶刀技术成果转让协议，由企业进行加工制造和国外市场推广。与国内、马来西亚、缅甸、柬埔寨、斯里兰卡、印度等多家销售公司合作，初步构建了技术成果推广、销售、售后服务网络体系，促进了技术成果在世界植胶区的传播。

4. 协同产业体系应用技术成果　中国热带农业科学院橡胶研究所是国家现代农业天然橡胶产业技术体系牵头单位，通过天然橡胶产业技术体系机械岗位专家，与国内主产区各试验站积极对接，统筹各产区的示范、推广，加快成果在各产区的协同推进。

5. 建立核心基地强化示范效果　在云南西双版纳、广东东升农场、海南儋州、海南琼中、海南白沙等地建立应用示范基地17个，示范面积2 422hm²、辐射示范5 607hm²。

6. 开展多形式培训普及技术成果　制作了中英文技术手册、技术培训视频，深入胶园，通过现场点对点/面对面开展使用培训；借助新媒体手段，开启远程视频教学、示范、指导。线下累计培训超过1万人次，线上学习人数超过3万人次，使技术成果迅速向生产一线、胶农辐射。

（三）政府引导、政策扶持，助推普及技术成果

根据国家和海南省对天然橡胶的支持政策，4GXJ型电动割胶刀技

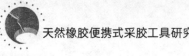

术成果列入了海南省 2021 年农业主推技术；中国热带农业科学院与海南省农业机械鉴定推广站联合，发布了《电动割胶刀专项鉴定大纲》，将技术成果纳入了农机专项补贴，惠及万千胶农用户。与市县乡镇政府协同，组织胶工技术培训，加快成果推广应用，助力割胶致富。

（四）国际组织资源共享，对外辐射推广技术成果

利用中国热带农业科学院橡胶研究所在国际组织 IRRDB 任理事单位的资源优势，以及每年组织的全世界橡胶生产国参与的 IRRDB 年会，通过学术交流和现场展示来加快技术成果对外推广辐射。5 年来，技术成果已输出至马来西亚、印度尼西亚、泰国、印度、柬埔寨、缅甸、老挝、菲律宾、越南、斯里兰卡、喀麦隆、尼日利亚等植胶国。同时，应邀派出专家 10 人次，赴马来西亚、印度尼西亚、泰国、越南、柬埔寨等国开展技术培训与交流，参与商务部援外培训班 10 期，累计培训 500 余人次。

（五）技术成果推广成效显著

1. 技术成果覆盖区域广 通过创新组织与推广服务模式，技术成果迅速向国内和世界 12 个主要植胶国辐射。累计推广电动割胶刀 1.13 万台、产品市场占比超过 80%，培训国内外植胶部门管理人员、技术人员、研究机构科研人员、植胶农户 1.3 万多人次，国内外累计应用面积超过 13 万 hm^2、辐射面积超 40 万 hm^2。其中 2019—2021 年，国内累计应用面积约 10 万 hm^2，占我国实际开割胶园的 24.16%。

2. 经济效益和社会效益显著 带动生产加工制造和销售服务企业新增产值 1 700 万元、新增利税 370 万元。新胶工培训时间减少 20d 以上、人均节本 1 600 元，胶工增加年收入 4 000 元以上；胶园每亩年均增产、节本增效 166.67 元，带动国内天然橡胶新增产值 15.93 亿元，农民新增纯收益 2.21 亿元。

技术成果推广应用，提升了胶农的割胶技术水平，可解放 40% 的劳动生产力，缓解了产业用工荒难题，促进了农民增收、乡村振兴和国际合作交流。不仅解决了国内橡胶产业问题，还解决了国外橡胶产业问题，促进了国际合作交流，成为服务产业和"走出去"战略、"一带一路"倡议的科技成果转化应用亮点，受到中央电视台、光明日报、新华社、学习强国、科技日报、农民日报等媒体报

道 20 余次。

四、相关媒体报道

电动割胶刀的研发与推广应用，受到中央电视台、新华网、光明日报、科技日报、农民日报、海南日报、海南电视台及国内其他主要媒体网站的广泛报道，引起了世界植胶国广泛关注。表 5 - 1 所示为部分相关报道。

表 5 - 1　媒体报道电动割胶刀

序号	发布时间	科技活动报道标题	媒体名称	宣传方式
1	2017.04.26	可产业化应用的电动胶刀产品在海南发布	人民网图片频道	网络媒体宣传
2	2017.04.26	电动胶刀让割胶不再依赖专业胶工	天然橡胶网	网络媒体宣传
3	2017.04.27	可产业化应用的电动胶刀产品在海南发布	新华社	网络媒体宣传
4	2017.05.04	我国第一代电动胶刀面世	光明日报 06 版	报纸和网络媒体宣传
5	2017.05.27	曹建华的"科技报国心"	南国都市报 003 版	报纸和网络媒体宣传
6	2017.07.19	毫米级电动胶刀的"傻瓜型"作业	橡胶技术网	网络媒体宣传
7	2017.11.23	《我爱发明》20171123胶林宝刀	CCTV-10 科教频道	网络媒体宣传
8	2017.11.25	曹建华：破解机械采胶难题	南国都市报 006 版	报纸和网络媒体宣传
9	2018.01.17	带病挑战难题 研发机械胶刀	南国都市报 012 版	报纸和网络媒体宣传
10	2018.03.15	【访谈】工匠精神铸造"宝刀"，科研成果增收增效	热带播报	网络媒体宣传
11	2018.04.10	电动胶刀技术在柬大受欢迎	海口日报	网络媒体宣传

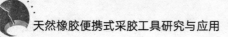
（续）

序号	发布时间	科技活动报道标题	媒体名称	宣传方式
12	2018.10.19	海南赠送斯里兰卡 100 台电动胶刀 从中国热科院 * 启运	南海网	网络媒体宣传
13	2018.10.20	海南省赠送斯里兰卡电动胶刀启运	中新网海南	网络媒体宣传
14	2018.10.20	海南省赠送斯里兰卡西方省南方省电动胶刀启运	新华社	网络媒体宣传
15	2018.10.22	海南向斯里兰卡西方省和南方省赠送 100 台电动胶刀	海南日报	网络媒体宣传
16	2019.06.26	《我爱发明》智慧农田 2	中央电视台 CCTV-10 科教频道	网络媒体宣传
17	2019.08.28	热科院研制出"傻瓜"电动胶刀 已推广到全球十余植胶国	南海网	网络媒体宣传
18	2019.08.29	4GXJ 型电动割胶刀斩获海南省"科创杯"大赛二等奖	中新网海南	网络媒体宣传
19	2019.09.19	沈丹阳会见马来西亚农业与农基产业部部长沙拉胡丁	海南外事	网络媒体宣传
20	2020.05.12	疫情之下电动胶刀正"大显身手"，我科研团队破解世界难题	科技日报	网络媒体宣传
21	2020.04.26	《实验现场》20200426 切割实验	CCTV-10 科教频道	网络媒体宣传
22	2020.05.12	一把电动胶刀破解世界机械割胶难题	科技日报	网络媒体宣传
23	2020.05.22	疫情当下电动胶刀助力海南天然橡胶产业复工复产	中新网海南	网络媒体宣传
24	2020.05.22	电动胶刀省事又好用，助力海南橡胶产业提质增效	农民日报海南新闻	网络媒体宣传

 * "中国热科院""热科院"全称"中国热带农业科学院"，余后同。——编者注

（续）

序号	发布时间	科技活动报道标题	媒体名称	宣传方式
25	2020.05.22	新型电动割胶刀助力海南天然橡胶春季开割	新海南客户端	网络媒体宣传
26	2020.06.13	自贸港 奋楫者｜曹建华：扎根海南 23 年 助推热带农业机械化发展	海南网络电视台	网络媒体宣传
27	2020.07.16	省时省力省树皮 热科院电动胶刀让琼中胶农"加速"割胶	南海网	网络媒体宣传
28	2020.07.17	中国热科院橡胶研究所研发的新型电动割胶刀已在 13 个国家推广使用	海南日报客户端	网络媒体宣传
29	2020.07.17	【农民丰收】海南琼中 6 个村贫困户有了"胶林宝刀"	学习强国-海南学习平台	网络媒体宣传
30	2020.07.16	新胶刀助力胶农致富奔小康（视频）	新华社	网络媒体宣传
31	2020.07.16	海南琼中：发放电动割胶刀助农民提高割胶效率	新华网	网络媒体宣传
32	2020.08.03	一把电动胶刀一场技术革命	海南日报 003 版	报纸和网络媒体宣传
33	2020.08.03	中国热科院橡胶研究所研发出新型电动割胶刀已在 13 个国家推广使用	学习强国-海南学习平台	网络媒体宣传
34	2020.08.27	白沙第六届割胶技能竞赛火热开赛 电动胶刀提高农民积极性	南海网	网络媒体宣传
35	2020.09.11	创新为热带农业插上科技翅膀	农民日报（头版头条）	报纸和网络媒体宣传
36	2020.09.11	利刃出鞘！一柄胶刀背后的科研战队！	农民日报	网络媒体宣传
37	2020.12.13	中国热科院试验场全面推广应用电动胶刀	科技日报	网络媒体宣传

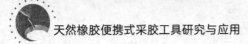

（续）

序号	发布时间	科技活动报道标题	媒体名称	宣传方式
38	2020.11.29	守住胶农"钱袋子"热科院橡胶所为福妥村民培训电动胶刀技术	白沙新闻在线	网络媒体宣传
39	2021.01.15	海南首届"讲好热农故事"演讲比赛举行（电动割胶刀研发历程故事获一等奖）	央视网、海南新闻联播	电视台
40	2021.03.20	中国热科院研发的电动胶刀为云南橡胶开割添新动力	中新网海南	网络媒体宣传
41	2021.03.23	开展电动胶刀培训 提高割胶生产效率	西双版纳新闻网	网络媒体宣传
42	2021.04.09	西双版纳橡胶春季开割用上了"黑科技"	科技日报	网络媒体宣传
43	2021.03.30	中国热科院电动胶刀在柬埔寨"出圈"	海南日报客户端	网络媒体宣传
44	2021.04.22	中国热科院电动割胶装备科技成果获评国际领先水平	科技日报	网络媒体宣传
45	2021.04.22	中国热科院便携式电动割胶刀研发达到国际领先水平	中国农网	网络媒体宣传
46	2021.04.22	中国热科院便携式电动割胶装备获列海南省农业主推技术	南海网	网络媒体宣传
47	2021.05.17	"电动胶刀"惠及海南胶农 科技创新推动产业振兴	海南新闻联播	电视台宣传
48	2021.8.7	第八届海南省道德模范候选人事迹展播"胶林宝刀"曹建华：扎根海南24年 促进橡胶产业智能化发展	海南新闻频道	电视台宣传

主要内容包括：

（1）"橡丰牌"4GXJ-1 型电动割胶刀成功研发。科学家成功突破机械采胶多项关键技术难题，先后设计了 17 款电动割胶刀，经生产试验试割、筛选、优化定型，第一代 4GXJ-I 锂电无刷电动割胶刀问世，并与宁波汉浦工具有限公司合作，建立了第一条电动割胶刀生产线。机械采胶是世界性技术难题，长期以来橡胶生产依赖人工割胶。电动割胶刀的应用，将极大缓解我国橡胶产业"用工荒"问题，推动割胶由劳动密集型向技术密集型转变，实现节本增效，保障产业可持续发展。

经大田试验试割表明，此款电动割胶刀具有以下特点：轻巧简便，仅相当于 1 个苹果的重量，1 个高能锂电池充满电，一次可完成 400～500 株橡胶树割胶；简单易学，新手正常情况下 3～5d 就能学会，较胶工使用传统胶刀的培训时间减少 20d 以上；割胶效果好，胶工只要按技术规程操作，几乎不伤树，割线平顺，橡胶树耗皮量可控制在传统胶工的 80%～90%，让橡胶树割得更长久；成本低廉，每亩胶园每年使用成本在 30 元左右，胶农用得起。

（2）电动割胶刀技术在柬埔寨的应用。中国热带农业科学院国家现代农业天然橡胶产业技术体系生产机械化专家曹建华博士赴柬埔寨橡胶研究所和 Kam Pong Cham 省开展电动割胶刀技术推广与培训，该院自主研发的电动割胶刀工具与技术得到了柬埔寨橡胶所领导、专家和橡胶种植公司的高度认可和评价，受到该国植胶户热烈欢迎，提升了中国热带农业科学院在"一带一路"沿线国家中的影响。

（3）海南赠送斯里兰卡 100 台电动割胶刀。2018 年，海南省赠送斯里兰卡西方省和南方省的 100 台电动割胶刀从中国热带农业科学院橡胶研究所启运。此次赠送的电动割胶刀是由中国热带农业科学院橡胶研究所自主研发，此次电动割胶刀赠送活动，体现了海南政府对斯里兰卡橡胶产业和胶农的关心和对中国热带农业科学院热带农业科技的大力支持，更是进一步深化"省-省"农业科技合作交流、增强两国传统友谊、服务"一带一路"倡议的重要举措，有利于促进斯里兰卡天然橡胶产业技术水平的提升。

（4）电动割胶刀在世界植胶国的推广应用。中国热带农业科学院研制出 1 款新型割胶刀，使割胶这项极具专业性的操作，变得简单易上手，堪称"傻瓜型"胶刀。目前，它已在全球 10 余个植胶国得到推广。

4GXJ 型电动割胶刀携带轻便舒适、适应性广泛，操作时，树皮整皮率高，胶乳无碎屑污染，而且简单易学，省力省工省皮。一经问世，就受到国内外植胶界的广泛关注。这款胶刀已在中国、泰国、柬埔寨、印度尼西亚、马来西亚、印度等 10 余个植胶国推广数千台，培训国内外胶工 5 000 余人，成为热带农业科技服务"一带一路"倡议的新亮点。

（5）4GXJ-2 型电动割胶刀成功研发。2019 年 10 月，正式推出第二代便携式电动割胶刀，其性能、生产加工工艺、使用效果都有大幅改善，进一步提升了割胶效率，有效提高植胶产业综合经济效益。解决了割胶前手撕老胶线影响效率的"老大难"问题，使刀片耐磨性提升两倍以上、机械振动大幅下降、割胶深度和耗皮厚度可控可调更精准、大幅减少伤树的发生等。胶工熟练使用后，平均每小时可割胶 180~200 株，胶工更轻松，而过去使用人工胶刀一般每小时仅能割 120~140 株。电动割胶刀主体部件至少可使用 2~3 年，按 1 个胶工割胶 50 亩来算，加上更换易损部件和刀片费用，每亩胶园每年的机械使用成本约 20 元，胶农用得起。

（6）4GXJ-2 型电动割胶刀助力海南天然橡胶产业复工复产。随着我国疫情防控取得阶段性胜利，天然橡胶产业已开始复工复产。海南琼中地区 2020 年 5 月 21 日在红毛镇启动了电动割胶刀使用技能培训，向 459 家农户提供了由中国热带农业科学院橡胶研究所研发的 4GXJ-2 型电动割胶刀，用先进科技助力天然橡胶春季开割复产、扶贫攻坚。

2019 年海南省天然橡胶种植面积约 53 万 hm^2、产量 34 万 t、年产值约 40 亿元，是海南省农民重要而稳定的收入来源，关乎着 40 余万家庭、近 220 万人的生计。据调查显示，当前海南农村家庭农业收入中，橡胶收入占比为 50%，最高时达到 65%。天然橡胶在乡村振兴中有着举足轻重的作用。

（7）电动割胶刀在世界植胶推广应用进展。4GXJ 便携式电动割胶刀，正在世界 13 个植胶国推广应用。2020 年，中国热带农业科学院橡胶研究所与柬埔寨橡胶研究所、缅甸多年生作物研究所签订协议，将我国电动割胶刀、割面营养增产素、死皮康复等技术积极向"一带一路"沿线国家输出，助力天然橡胶产业发展。电动割胶刀研发团队还专门制作了中英双语教学视频，并利用互联网在线上指导电动割胶刀使用。曹建华团队与国内专业电动工具生产企业合作，已建立我国4GXJ系电动割胶刀生产线并实现量产。除国内植胶区得到规模应用外，还在马来西亚、印度尼西亚、斯里兰卡、越南、泰国等主要植胶国开始示范推广。电动割胶刀只是一个起点，全自动、智能化采胶装备是未来发展的主流趋势，但仍有诸多技术难题需要攻关。

（8）2020年9月11日，《农民日报》头版头条，以"创新为热带农业插上科技翅膀"为题，报道了中国热带农业科学院科技创新新成效。"中国热带农业科学院作为我国唯一的国家级热带农业科研机构，当好带动热带农业科技创新的'火车头'、促进热带农业科技成果转化应用的'排头兵'、培养优秀热带农业科技人才的'孵化器'和加快热带农业科技走出去的'主力军'。"这是中国热带农业科学院院长王庆煌和每一名热带农业科技工作者始终牢记的职责使命。无数科研工作者，怀揣梦想而来，把根深深扎在热区，把爱奉献给中国热区和世界热区人民。

（9）中国热带农业科学院试验场全面推广应用电动割胶刀。2020年12月10日，中国热带农业科学院橡胶研究所向试验场全体胶工及辅导员赠送了255台自主研发的电动割胶刀，标志着电动割胶刀在试验场全面推广应用。

试验场因天然橡胶而建，一直以来都是天然橡胶及热带农业新技术的试验示范和应用基地，目前橡胶种植面积3万多亩，是试验场稳定改革与发展的重要内容。当前，天然橡胶产业面临技术胶工短缺、割胶工具落后、割胶效率低下、人力成本高的困境。4GXJ系电动割胶刀在世界10多个主要植胶国开展了初步推广应用，在降低割胶技术难度、提升割胶效率、缓解技术胶工短缺、疫情后复工复产、助力乡村振兴中取得了良好成效。

（10）电动割胶刀为云南橡胶开割添新动力。云南西双版纳傣族自治州农垦局购置了一批中国热带农业科学院橡胶研究所自主研发的4GXJ-2型电动割胶刀，并发放给农场胶工。为了加快新型割胶工具的推广使用，2021年3月16日至17日，西双版纳傣族自治州农垦局与中国热带农业科学院橡胶研究所在勐捧农场联合举办了 4GXJ-2型电动割胶刀技术培训班，西双版纳垦区所属 12 个农场 70 余名一线割胶工和部分技术辅导员参加了培训并进行现场考核。

电动割胶刀是对传统割胶刀技术的变革，是先进科技在橡胶生产上的实践运用，对垦区提高劳动生产效率，充分挖掘橡胶生产潜力，实现企业增产增效、职工增收，胶树减负具有重要的意义。

（11）电动割胶装备科技成果获评国际领先水平。由中国热带农业科学院牵头研发的"4GXJ 系列便携式电动割胶装备"通过了农业农村部科技发展中心组织的成果评价，专家组一致认为，该装备结构设计具有创新性、性能优良可靠，割胶效果优于行业标准要求，是世界割胶工具的重要变革，达到国际领先水平。

4GXJ 系列便携式电动割胶刀采用对称切割刀片和特殊拱桥形限位导向器，可根据橡胶品系、树龄和割制需要，无级调节割胶深度、耗皮厚度和动力转速，能够根据胶工割胶习惯和生产需要，进行新开割线、水线、高低线、阴阳刀割胶和推割或拉割，实现了割胶深度和耗皮厚度精准控制，减少耗皮量，延长橡胶树生产寿命。同时，以标准割线为基准线割胶，实现了对复杂树干形状的仿形，减少了对橡胶树的伤害，采用连续往复切削方法，解决了铣削模式割皮碎屑污染胶液的难题。割胶效果优于现有采胶技术标准要求。大幅度减小割胶技术难度，提升割胶效率 30%～40%，降低劳动强度 60%。

（12）便携式电动割胶装备获列海南省农业主推技术。天然橡胶是重要的国防战略物资和工业原料，我国天然橡胶种植面积超过 113 万 hm^2，对热带边疆地区经济发展、繁荣稳定以及满足国家战略需求作出积极贡献。然而在割胶环节，仍沿用几十年来的人力割胶方式，不仅费工费力、劳动强度大，而且对胶工的体能和技术要求比较高，割胶成本占生产成本的 70% 以上。中国热带农业科学院面对天然橡胶产业机械化割胶的重大需求，迎难而上，组建研发团队，根据采胶技术标准要求，利用现代机械自动化、仿真模拟和电控技术，结合人工割胶操作习惯、农艺农机相融合，研发了 4GXJ 便携式电动割胶刀及配套割胶技术。破解了机械割胶世界难题，对缓解我国橡胶产业用工荒问题、实现节本增效、保障产业可持续发展具有重大意义。

2021 年，便携式电动割胶装备及配套技术被列为 2021 年海南省农业主推技术。

目前，该装备已在中国、越南、泰国、柬埔寨等 12 个世界主要植胶国推广应用 1 万余台，培训国内外胶工 1.2 万余人，成为服务"一带一路"沿线植胶国家的科技亮点。

五、电动割胶装备在国外推广应用情况

积极响应国家"一带一路"倡议和服务国家科技"走出去"战略。已在缅甸、老挝、越南、泰国、柬埔寨、印度尼西亚、马来西亚、斯里兰卡、印度、菲律宾等主要植胶国初步开展了技术推广与服务，累计推广 3 500 余台。目前已派专家在越南、柬埔寨、泰国开展电动割胶刀技术培训 10 期，培训 500 余人，取得了良好效果（图 5-5 至图 5-15）。

（一）对世界主要植胶国开展机械割胶技术推广与培训

2017 年 5 月，在印度开展电动割胶技术培训与示范，培训胶工和技术管理人员 50 余人，并到印度橡胶研究所进行了相关技术交流，先后在印度推广 2 500 余台电动割胶刀。

2017 年 8 月，由经销商在缅甸开展电动割胶刀技术培训，培训胶工 600 余人，推广电动割胶刀 500 台。

2018 年 3—4 月，在越南胡志明市、柬埔寨橡胶研究所、柬埔寨 Kam Pong Cham 省开展机械割胶技术推广与培训，并对电动割胶刀用户进行回访。在越南橡胶所、农场，以及橡胶生产分公司共开展机械割胶技术培训 3 场，培训 150 余人；在柬埔寨橡胶所和橡胶种植公司共开展机械割胶技术培训 2 场，培训 60 余人。

2018 年 9 月，在中-柬农业促进中心、沃福得（柬埔寨）农业公司、柬埔寨皇家农业大学、环宇农业发展公司、柬埔寨农业总局、绿洲农业（柬埔寨）有限公司，现场展示、培训机械割胶装备与采胶技术，培训 50 余人。分别向柬埔寨农业总局和环宇农业发展公司赠送了机械割胶设备——4GXJ-1 型电动割胶刀。先后在柬埔寨推广 300 余台电动割胶刀。

2018 年 5 月，参加澜沧江—湄公河流域国家热带农业人才培育

工程，对 30 名学员培训机械割胶技术。

2018 年 5 月、2019 年 8 月，分别赴泰国橡胶研究所、橡胶种植企业开展机械割胶技术推广与培训，共开展机械割胶技术培训 6 场，培训 100 余人。

2019 年 8 月，赴马来西亚、印度尼西亚两国的植胶企业和橡胶研究所开展技术交流与培训，培训胶工和管理人员 150 余人，推广电动割胶刀 200 余台。

2018 年 11 月，参加发展中国家天然橡胶生产与加工技术培训班，培训 30 名学员学习机械割胶技术。

图 5-5　在越南开展机械割胶技术推广与培训

图 5-6　在柬埔寨开展机械割胶技术推广与培训

图 5-7　在泰国推广与培训　　　　图 5-8　在马来西亚推广与培训

图5-9 在斯里兰卡推广与培训

图5-10 在印度推广与培训

图5-11 在印度尼西亚推广与培训

图5-12 菲律宾学员

图5-13 澜—湄国家技术培训

图5-14 发展中国家技术培训

2018年3月29日至4月1日于柬埔寨金边和2020年9月18—21日于中国南宁参加东盟博览会，展示机械割胶技术与装备。

图5-15 机械割胶技术与装备参展东盟博览会

（二）向斯里兰卡植胶国赠送 4GXJ 型电动割胶刀

近年来，我国与斯里兰卡的合作日益紧密，农业是重点拓展的五大合作领域之一。斯里兰卡为世界重要天然橡胶生产国，种植面积 13.37 万 hm^2、产量约 13.04 万 t，天然橡胶是该国农业的重要经济收入和出口创汇来源，但其割胶技术水平相对较低，在一定程度上影响了该产业

图 5-16　海南省向斯里兰卡西方省和南方省赠送 4GXJ 型电动割胶刀

的发展。2017 年，4GXJ 型电动割胶刀及其配套技术已通过民间进入斯里兰卡，深受该国胶农欢迎。

2018 年 10 月，海南省政府赠送斯里兰卡西方省和南方省 100 台 4GXJ 型电动割胶刀（图 5-16），深受当地胶农欢迎，也进一步深化了"省-省"农业科技合作交流，增强两国传统友谊，是服务"一带一路"倡议的重要举措，有利于促进斯里兰卡天然橡胶产业技术水平的提升、惠及胶农。

六、电动割胶装备在国内推广应用情况

（一）4GXJ 型便携式电动割胶刀技术培训与推广

在海南、云南、广东三大植胶区开展了 4GXJ 型电动割胶刀技术培训与小规模推广应用，累计推广 7 500 余台（其中海南推广 4 500 余台，95％为胶农增收起到了积极作用）；开展技术培训 300 余场，培训 1.3 万余人，受到胶农关注和欢迎。2017—2018 年，重点开展了 4GXJ-1 型便携式电动割胶刀的中试样机生产与推广应用；2019—2020 年，重点开展了 4GXJ-2 型便携式电动割胶刀的中试样机生产与推广应用，与传统胶刀比，单株割胶速度提升 80％～100％，整体割胶效率提升 30％～40％，割胶技术难度降低 60％，劳动强度降低 60％。累计推广应用超过 13 万 hm^2，辐射带动 40 万 hm^2，在助力海南省白沙、琼中、儋州地区疫后复工复产和乡村振兴中发挥了良好作用。部分电动割胶刀技术培训现场如图 5-17 至图 5-28 所示。

图 5-17　赠送农场电动割胶刀

图 5-18　海南儋州技术培训与推广

图 5-19　海南屯昌技术培训与推广

图 5-20　海南昌江技术培训与推广

图 5-21　海南琼中技术培训与推广

图 5-22　海南万宁技术培训与推广

图 5-23　海南白沙技术培训与推广

图 5-24　云南勐腊技术培训与推广

图 5-25　云南景洪技术培训与推广

图 5-26　云南孟定技术培训与推广

图 5-27　广东火星农场技术培训与推广

图 5-28　广东南华技术培训与推广

（二）建立技术成果应用示范基地

本技术成果推广应用期间，建立了电动割胶刀示范基地 17 个，应用示范面积 2 422hm²，辐射带动面积 5 607hm²，详见表 5-2。

表 5-2　技术成果应用示范基地

序号	应用单位	起止时间
1	中国热带农业科学院试验场	2017.3—2019.6
2	海南省澄迈县金江镇村民委员会龙江村村民小组	2019.4—2019.10
3	海南省定安县国营中瑞农场水坡一队	2019.4—2019.10
4	海南省定安县国营中瑞农场水坡二队	2019.4—2019.10
5	云南省西双版纳金棕生物科技有限公司	2020.5—2020.11
6	广东省东升农场	2020.5—2020.11
7	海南省琼中黎族苗族自治县红毛镇人民政府	2020.5—2020.10
8	海南省白沙黎族自治县南开乡牙佬村民委员会	2020.5—2020.10
9	海南省白沙黎族自治县南开乡革新村委会	2020.5—2020.10

序号	应用单位	起止时间
10	海南省白沙黎族自治县南开乡高峰村委会	2020.5—2020.10
11	海南省琼中黎族苗族自治县什运乡便文村委会	2020.7—2020.12
12	广东省广垦橡胶集团有限公司	2020.9—2020.12
13	海南省琼中黎族苗族自治县什运乡南平村	2020.7—2020.12
14	海南省琼中黎族苗族自治县什运乡南流村	2020.7—2020.12
15	海南省琼中黎族苗族自治县什运乡	2020.7—2020.12
16	海南省琼中黎族苗族自治县什运乡什运村	2020.7—2020.12
17	海南省琼中黎族苗族自治县什运乡什统村	2020.7—2020.12

（三）典型应用案例

电动割胶刀具有降低割胶劳动强度、操作简单易掌握等优势，大大拓展了其适用对象人群，被越来越多的新老胶工接受。目前国内云南西双版纳、红河，广东南部茂名、湛江，海南中西部琼中、澄迈、白沙、儋州等国内主要植胶地区已逐步成为电动割胶刀生产应用的主要区域。为了更好地掌握电动割胶刀的实际使用情况，通过实地回访、电话咨询、视频连线等手段对各地电动割胶刀使用情况进行了跟踪记录，抽取海南区域具有代表性的胶工进行调查记录，具体情况如下。

①符胶工，男，39岁，白沙黎族自治县金波乡农户。自家拥有2hm^{2}橡胶园，采用3d割1刀频次，每刀次割胶量约400株橡胶树，在接触电动割胶刀前采用传统人工胶刀割胶，每次割胶耗时约3.5h，由于缺少技术指导及培训，割胶技术较差，割胶深度深浅不一，导致割胶产量不稳定、耗皮厚度不统一，容易出现切割树皮太薄或太厚现象，割面平顺度较差。2019年通过县政府扶贫项目支持，受赠电动割胶刀1套，经过1d的一对一电动割胶刀专业老师指导培训及4d自我实操练习后掌握电动割胶刀割胶技术，目前已完全采用电动割胶刀割胶，每刀次割胶量不变，但耗时量缩短为2.5h，效率提升28%。通过使用电动割胶刀割胶，获得了稳定的胶水产量，同时减少了伤树概率，规范了切割皮耗厚度，保证了胶园可持续割胶时间及产量。由于效率的提升，符胶工利用割胶空余时间小规模养殖了鸡、鸭、鹅等

家禽以增添收入。通过割胶及家禽养殖，年收入达到 5 万元。

②羊胶工，男，26 岁，儋州市和庆镇橡胶个体经营户。承包近千公顷胶园，因近几年割胶工人短缺，加上羊胶工个人认为传统人工割胶技术要求较高，不愿从事割胶工作，因此割胶工作由其父亲承担，每刀次割胶量约为 500 株橡胶树，由于橡胶树种植量较大，基本上需每天割胶，每刀次平均割胶耗时近 5h。通过新闻报道得知电动割胶刀上市，个人购买后经过 3d 的专业老师指导培训及个人练习掌握电动割胶刀割胶技术。羊胶工代替父亲承担割胶工作，采用电动割胶刀割胶后，在同样每刀次割胶量（500 株）条件下，每刀次平均割胶耗时约 3h，效率提升 40%，且割胶深度及耗皮厚度基本与其具备多年割胶经验的父亲使用传统人工割胶刀效果基本相同。由于电动割胶刀轻松及简单的割胶操作，羊胶工妻子也加入割胶行列，目前夫妻两人每天割胶总量 1 000 株橡胶树，收入实现了翻倍。

③董胶工，女，中国热带农业科学院试验场三队一级胶工。学习并使用电动割胶刀割胶后，割胶任务为两个树位，橡胶株数分别为 288 株和 365 株。前期用传统胶刀割胶，每小时平均割胶 130～140 株，完成两个树位平均用时分别为 130min、160min。使用电动割胶刀，每小时平均割胶 210～220 株（最多可达 280 株），完成两个树位平均用时分别为 80min、100min，效率平均提升约 38%。不仅如此，同一树位使用电动割胶刀较人工割胶刀年均增产 15% 以上。

第四节　电动割胶刀的经济效益和社会效益

电动割胶刀的使用，大幅度减小了割胶技术难度，提升割胶效率 30%～40%，降低劳动强度 60%，使割胶由"专业技术依赖型"转变以"大众易操作型"，可极大拓展胶工来源，对于缓解产业技术胶工短缺、减少弃管弃割胶园面积、增加农村就业岗位具有重要意义。采用传统胶刀采胶时，一旦胶工流失，新招胶工培训时间长，可能会因为胶工短缺导致胶园数月弃割；使用电动割胶刀时，新胶工可在短时间培训后即可上岗割胶、产生收益。同时，可解放部分劳动力从事其他经营收入，对于增加农民收入、乡村振兴具有积极意义。

一、传统人工胶刀与电动割胶刀成本/收益比较

（一）经济效益各栏目的计算依据

新增总投入＝电动割胶刀成本＋研发项目投入。

新增总经济效益＝推广面积×单位面积产量×橡胶平均收购价格。

新增纯收益＝推广面积×（单位面积增产增效＋单位面积节本）。

（二）传统人工胶刀与电动割胶刀收益分析（民营胶）

民营个体户胶园，通过割胶销售后产生收益，扣除农资、割胶工具成本投入后的净利润即为胶工劳动所得。

（1）使用传统人工胶刀割胶。

①胶刀成本（含修磨）：100元/把、使用寿命按8年计，则平均为12.5元/年。

②割胶面积：平均为30亩/（人·年）。

③工具平均每亩使用成本：0.42元/年。

④毛收益：每亩胶园毛收益80kg，每千克收益13元，割胶任务量30亩/（人·年），三者相乘，即得毛收益为31 200元/（人·年）。

⑤纯收益：胶园化肥、有机肥、压青肥、农药等物资投入150元/（亩·年），扣除投入成本后，胶工纯收益＝毛收益－农资投入成本－割胶工具使用成本＝31 200－150×30－0.42＝26 699.58 [元/（人·年）]。

（2）使用电动割胶刀割胶。

①机器成本（含质保、培训、保养与售后服务）：电动割胶刀1 500元/台、使用寿命按3年计，则平均为500元/年。

②割胶面积：平均为45亩/（人·年）。

③工具平均每亩使用成本：11.11元/年。

④毛收益：每亩胶园毛收益80kg，每千克收益13元，割胶任务量45亩/（人·年），三者相乘，即得毛利益为46 800元/（人·年）。

⑤纯收益：胶园化肥、有机肥、压青肥、农药等物资投入150元/（亩·年），扣除投入成本后，胶工纯收益＝毛收益－农资投入成

本—割胶工具使用成本＝46 800－150×45－11.11＝40 038.89［元/（人·年）］。

（3）收益对比。在割胶任务量饱和状态下，使用电动割胶刀割胶，胶工年收益增加13 339.3元，增长约50%（表5-3）。

表5-3　胶农个体户收益对比分析（单个人比较）

项目内容		传统人工胶刀	本技术成果电动割胶刀
胶刀购置及维护成本	购买成本，元/把	100	1 500
	平均成本，元/年	12.5	500
割胶面积，亩/（人·年）		30	45
平均每亩工具成本，元/年		0.42	11.11
扣除投入成本后胶工年收益，元/人		26 699.58	40 038.89

备注：①胶园化肥、有机肥、压青肥、农药等物资投入150元/（亩·年）；
②每亩胶园1年毛收益80kg，每千克毛收益13元，得胶园毛收益为1 040元/（亩·年）。

（三）传统人工胶刀与电动割胶刀收益分析（国有农场）

农场聘用胶工，除支付生产成本、胶工工资社保外，尚需一定的利润维持农场运转。

（1）使用传统人工胶刀割胶。具体成本、收效分析详见"（二）（1）使用传统人工胶刀割胶。"按胶工年平均工资（含社保）30 000元计算，一名胶工年割胶任务量为30亩、产生的毛利润为26 699.58元/（人·年），则农场胶园单位面积收益＝（毛利润－人工工资成本）÷胶工割胶面积＝（26 699.58）－30 000）÷30＝－110.01（元/年）（亏本经营）。

（2）使用电动割胶刀割胶。具体成本、收效分析详见"（二）（2）使用电动割胶刀割胶。"按胶工年平均工资（含社保）37 500元（胶工面积增加，农场奖励25%的工资）计算，一名电动胶工年割胶任务量为45亩，则产生的毛利润为40 038.89元/（人·年），则农场胶园单位面积收益＝（毛利润－人工工资成本）÷胶工割胶面积＝（40 038.89）－37 500）÷45＝＋56.42（元/年）（尚有盈利）。

（3）收益对比。植胶企业用电动割胶刀较人工胶刀节约人工成本30 000÷30－37 500÷30＝166.67［元/（亩·年）］，且电动割胶刀割胶能为农场盈利56.42元/（亩·年）且胶工年收入增加7 500元。传统胶刀胶工年任务量30亩、工资30 000元，植胶农场基本上亏本经营。因此农场必须大力推广轻简高效割胶技术、提高胶工割胶面积、降低成本，同时积极发展林下经济和其他产业，胶工割胶之余还需为农场从事其他经营劳动，才能维持收支平衡（表5-4）。

表5-4　植胶农场收益对比分析

项目内容		传统人工胶刀	本技术成果 电动割胶刀
胶刀购置成本	购买成本，元	100	1 500
	平均成本，元/年	12.5	500
割胶面积，亩/（人·年）		30	45
平均每亩工具成本，元/年		0.42	11.11
胶工工资（含社保），元/年		30 000	37 500
工具＋人工成本，元/（亩·年）		1 000.42	844.5
扣除投入成本后农年收益，元/年		−110.01	＋56.42

备注：电动割胶刀速度提升、劳动强度降低，胶工面积增加，农场奖励25%的工资。

二、本技术成果推广应用经济效益分析

（一）企业效益

（1）加工制造企业：2019—2021年，累计生产加工制造电动割胶刀8 500余台，平均加工制造成本580元/台、利税200元/台（企业综合税约16.42%），总产值为780×8 500＝663（万元）；总利税为200×8 500＝170（万元）。

（2）市场销售商：包括购机价，培训、质保、推广与售后服务成本（约200元/台）和合理利润。其中：市场售价1 300元/台、利税250元/台（企业综合税约16.42%），销售额（产值）1 300×8 000＝1 040（万元）；总利税为250×8 000＝200（万元）。

2019—2021年，加工制造企业与市场销售企业累计实现产值1 703万元，累计新增利税370万元。

（二）胶工收益

胶工使用电动采胶装备，由于省力、高效，相同时间或相同劳动

强度下，可增加 50％的割胶面积，民营胶个体户年收益增长 50％，国有农场胶工年收入增长 25％。具体见本节"一、传统人工胶刀与电动割胶刀成本收益比较"中的（二）（三）分析。

（三）增产收益

2020 年，在中国热带农业科学院试验场三队，参试两位胶工在同一生产队，均为女性、一级胶工；选择同一树位、相同树龄的 PR107 无性系进行对比试验，全年割胶产量跟踪测产；每天胶水产量、干含及折算后的干胶重量，均由中国热带农业科学院试验农场收胶站统一称量、记录。

因胶工割胶胶园实际株数有差异，采用（实际产量÷实际割胶株数）×33 株/亩的方法进行产量计算，以此避免因二者实际橡胶株数差异带来的误差影响。增产收益分析如下。

（1）每亩年产干胶产量：传统人工胶刀每亩年产干胶为 85.8kg，电动割胶刀为 102.3kg、增产 16.5kg、增产率 19.23％。

（2）全年亩产干胶收益：传统人工胶刀每亩年产干胶为 85.8kg，每千克收益 13 元，则全年亩产干胶收益为 1 115.4 元，电动割胶刀每亩年产干胶为 102.3kg，每千克收益 13 元，则全年亩产干胶收益为 1 329.9 元，增效 214.5 元，具体结果详见表 5-5。

表 5-5　两种割胶工具增产效益比较

项目内容	传统人工胶刀	4GXJ-2 型电动割胶刀
胶工情况	女性，一级胶工，传统胶刀割龄 11 年	女性，一级胶工，传统胶刀割龄 11 年，4GXJ-2 型电动割胶刀割龄 2 年
割胶测试时间	2020 年 6—12 月	2020 年 6—12 月
干含	月变化 26.59％～40.95％、全年平均干含 34.21％	月变化 24.97％～41.38％、全年平均干含 32.40％
亩产胶水重量	月变化 2.1～66.6kg、全年总量 280.8kg	月变化 3.0～79.5kg、全年总量 342.9kg
亩产干胶产量	月变化 0.9～21.0kg、全年总产量为 85.8	月变化 1.2～24.0kg、全年总产量为 102.3kg
全年亩产干胶收益	85.8×13＝1 115.4（元）	102.3×13＝1 329.9（元）
	电动割胶刀较传统人工胶刀每亩每年多收益 214.5 元	

（续）

项目内容	传统人工胶刀	4GXJ-2型电动割胶刀
备注	参试两位胶工在同一生产队，每天胶水产量、干含及折算后的干胶重量，均由中国热带农业科学院试验农场收胶站统一称量、记录。	

在品系、树龄、立地环境相同的条件下，干胶产量与割胶深度、割胶技术有关。参与试验的两位胶工，均是一级胶工，对割胶工具的使用非常熟练，在割胶深度方面都能按照现行的割胶技术规程作业。但传统人工胶刀易对割线挤压、摩擦，影响了排胶速度。电动割胶刀正好解决了这一问题，排胶更顺畅。此外，由于速度更快，每天更早割完胶、排胶时间也更长，因此易获得高产、稳产，实现增产19.23%，增效214.5元/（亩·年）。

（四）产业节本增效

（1）增产效益。全国三大植胶区每年亩产水平70～90kg，平均为80kg。考虑到胶工割胶技术水平有差异，全年平均增产按6%计算，则增产效益为 $80×6\%×13=62.4$［元/（亩·年）］。2019—2021年，全国三大植胶区推广应用面积144.95万亩，一年累计实现增产增效：$144.95×62.4=9\,044.88$（万元）。

（2）产业节本。电动割胶刀较传统人工胶刀每亩节本166.67元/年，考虑到胶工实际割胶面积不一定都是饱和工作量，单位面积节本增效按 $166.67×55\%=91.8$（元/年）计，2019—2021年，全国三大植胶区推广应用面积144.95万亩，一年累计实现节本增效：$144.95×91.8=13\,306.41$（万元）。

综合（1）和（2），本技术成果2019—2021年推广，累计为中国天然橡胶产业实现纯收益22 351.29万元。

三、社会效益

（1）推动了产业科技进步和可持续发展。技术成果在全球13个主要植胶国开始产业化应用，实现了采胶机械"从无到有"的转变，填补了采胶机械装备应用空白。形成的系列知识产权，得到国内外同行的普遍认可，提升了我国在割胶装备领域的国际影响力和话语权。

革新了使用近 100 年的传统割胶工具，大幅降低了技术难度和劳动强度，使割胶不再完全依赖壮年技术胶工，极大拓展了胶工来源，缓解了产业用工荒难题，增加复割的弃管弃割胶园数量，对促进产业发展具有重要意义。

（2）技术成果的推广应用，符合国家"走出去"战略和"一带一路"倡议，促进了国际合作交流，提升了我国天然橡胶科技影响力。

（3）在海南儋州、白沙、琼中地区相关政府部门的主导下，技术成果服务植胶农户约 4 240 人，提升其割胶技术水平，对助力防止脱贫户返贫起到良好作用。

（4）可解放部分胶农家庭壮年劳动力从事其他经营收入，或在相同胶园面积下，每天节省 30%～40%的割胶时间，从事其他经营收入，对增加农民收入、助力乡村振兴具有积极意义。

四、生态效益

天然橡胶种植周期长达 30 年以上，是重要的人工生态林，对热区生态环境维护发挥了重要作用，全国划定了 120 万 hm^2 的核心保护区。

通过本技术成果推广应用，产业节本增效明显，对于应对胶价低迷、稳定胶树种植面积、助力产业可持续发展、减少人为违规砍伐、维持热区森林覆盖率、实现"绿水青山就是金山银山"具有重要意义。

本技术成果采用绿色清洁能源，符合国家环保要求。技术成果为绿色清洁割胶技术，对环境无害无污染。

五、推广应用前景

机械割胶是世界性难题，研发天然橡胶机械采胶装备与配套技术，是破解当前天然橡胶产业技术胶工短缺困境的有效手段之一，具有广泛的应用前景，适用于世界植胶国家，尤其是东南亚植胶大国。全世界植胶面积约 0.15 亿 hm^2（中国 115.7 万 hm^2），开割面积约 0.12 亿 hm^2（中国约 80 万 hm^2）。胶工人数 400 万人，按推广 30%计算，电动割胶刀市场潜力有 120 万台，按每台 1 300 元的销售价格计算，产值可达到 15.6 亿元、毛利润达 4.5 亿元、利税约 2 亿元。

按 2 年的机械寿命计算，市场达饱和后，每年将有 40 万台的需求量、产值约 5.2 亿元、毛利润 1.6 亿元、利税约 0.6 亿元，市场潜力巨大，经济效益显著。

4GXJ 型便携式电动割胶刀，简单易学、省工高效、大幅降低了割胶技术难度和劳动强度，已在 12 个植胶国进行了初步推广应用近 4 年，技术比较成熟，装备性能稳定可靠，已逐步被国内外胶工接受（市场占有率为 73%），推广应用前景良好。

电动割胶刀因其简单易学，使用轻松便捷等被越来越多的橡胶种植农户和企业接受，根据生产应用上出现的问题及反馈情况，电动割胶刀在持续进行优化与升级，其装备性能将变得更加成熟及可靠。随着科技的发展和进步，更多先进的控制、传感技术将会被集成于装备研发设计中，电动割胶刀将朝着智能化方向大步前进。

本章小结

天然橡胶是重要的国防资源和工业原料。胶工割胶技术水平是影响当年和整个周期效益最重要的因素。前期生产上割胶完全依赖胶工，技术要求高、劳动强度大、效率低、难以做到标准化，进一步导致伤树、减产，胶工对提升割胶速度、降低割胶技术难度和劳动强度有迫切需求。笔者所在项目组攻克了割胶精准控制、复杂树干切割仿形等机械采胶关键难题，创制了"傻瓜型"电动割胶刀、集成配套标准化割胶技术，使割胶技术难度和劳动强度降低 60%、割胶速度提升 1 倍，减少伤树 30%，延长橡胶树经济周期 3~4 年。创新构建了"科研＋政府（机构）＋农垦＋农场＋农户"组织模式和"研-企-训-产-商"推广模式，技术成果覆盖国内主产区及国外的 12 个植胶国，市场占比超过 70%，培训胶工 1.3 万人；近 3 年，国内应用面积 9.7 万 hm^2，占开割胶园的 12.13%，新增农业产值 15.93 亿元，新增纯收益 2.21 亿元，在助力乡村振兴、服务国家"走出去"战略和"一带一路"倡议中发挥了良好实效。可以说，电动割胶刀的成功研制，是世界割胶工具的重要变革，对于推动产业发展具有重要意义，也为全自动割胶机的研制提供了技术参考。

参 考 文 献

曹飞，郑国丽，周黎民，等，2014. 三相异步风力发电机通风散热分析 [J]. 电机与控制应用，41 (12)：39-42.

曹建华，陈凌琳，郑勇，等，2017. 电动割胶刀（橡丰牌 4GXJ♯Ⅰ型）：CN304291029S [P].

曹建华，黄敞，张以山，等，2018. 一种割胶刀：CN207040415U [P].

曹建华，张峰，张以山，2016. 橡胶便携式电动胶刀：CN105340688A [P].

曹建华，张以山，王玲玲，等，2020. 天然橡胶便携式采胶机械研究 [J]. 中国农机化学报，41 (8)：20-27.

曹晓畅，韩立发，2013. 基于 CFD 数值模拟的磁选机内部结构的优化设计 [J]. 东莞理工学院学报，20 (1)：46-50.

陈慧到，2002. 低频割制的高效性及其在生产上的应用 [J]. 热带农业科学，22 (2)：25-30.

陈健殷，陈世伟，2017. 基于 Solid Works Simulation 的小型载重仓储机器人车架静力学分析 [J]. 东莞理工学院学报，24 (3)：55-62.

陈世坤，2000. 电机设计 [M]. 北京：机械工业出版社.

丁彩红，李署程，吴喜如，2020. 自动化铲板的对刀运动分析及其参数设计 [J]. 纺织学报，41 (9)：143-148.

冯海军，丁树业，周璞，等，2017. 全封闭扇冷式电机三维全域稳态温度场计算 [J]. 电机与控制学报，21 (7)：87-93.

国家天然橡胶产业技术体系，2016. 中国现代农业产业可持续发展战略研究——天然橡胶分册 [M]. 北京：中国农业出版社.

韩占忠，王敬，兰小平，2004. FLUENT 流体工程仿真技术实例与应用 [M]. 北京：北京理工大学出版社.

何长辉，莫业勇，2017. 价格低迷背景下橡胶种植农户生产行为调查分析 [J]. 中国热带农业 (6)：20-27.

何建华，周惠兰，2010. 一种不重磨夹固照明组合式割胶刀：CN101622951 [P].

何康，黄宗道，1987. 热带北缘橡胶树栽培 [M]. 广州：广东科技出版社.

何维景，符锡照，2014. 割胶新技术的应用 [J]. 热带农业工程，38 (1)：5-7.

何焯亮，王涛，成满平，2014. 可调节式橡胶树割胶机的设计 [J]. 湖北农业科学，53 (17)：4195-4198.

黄敞，袁晓军，曹建华，等，2019. 一种电动割胶刀：CN208480406U［P］.

黄敞，张以山，曹建华，等，2019. 一种采胶方法、采胶控制器、采胶钻机和集胶系统：CN106034977B［P］.

黄敞，郑勇，王玲玲，等，2019. 电动割胶刀配套电池在橡胶树割胶中应用效果研究［J］. 安徽农业科学，47（4）：211-214.

黄栋，莫爵贤，施维，等，2019. 自冷却高速电主轴风扇叶片的研究与设计［J］. 机床与液压，47（13）：46-50.

黄国治，傅丰礼，2004.Y2 系列三相异步电动机技术手册［M］. 北京：机械工业出版社.

黄华，魏博，张迪，等，2018. 割胶设备发展现状与趋势［J］. 农业工程，8（6）：16-20.

黄理，赵先国，刘锋，等，2019. 一种分体式割胶机：CN109169147A［P］.

金栋平，胡海岩，2005. 碰撞振动与控制［M］. 3 版. 北京：科学出版社，36-39.

金涨军，2020. 汽车发动机冷却风扇叶尖结构设计优化［J］. 机械设计，37（9）：94-99.

李旭海，2012. 一种可更换刀头的割胶刀：CN202455995U［P］.

林位夫，2014. 橡胶树农学辞典［M］. 北京：中国农业出版社.

刘博艺，蔡宽麒，张燕，等，2017. 一种智能割胶刀：CN106342655A［P］.

刘锐金，伍薇，罗微，2021. 海南省天然橡胶产业发展与战略研究［M］. 北京：中国农业出版社.

毛玲莉，2018.2016 年广西花生品种联合区域试验［J］. 现代农业科技（10）：33，35.

牛静明，校现周，杨文凤，等，2012. 巴西橡胶树气刺割胶中不同刺激位置的生理效应［J］. 热带作物学报，32（7）：1191-1195

普里莫，土皮，1977. 针刺采胶的最新研究［J］. 云南热作科技（2）：55-60.

仇键，吴明，杨文凤，等，2014. 橡胶树 RRIM600 不同乙烯浓度气刺微割的干胶产量和生理效应［J］. 热带作物学报，35（8）：1487-1491.

仇键，杨文凤，吴明，等，2014. 橡胶树 PR107 不同刺激浓度气刺微割的产量和生理效应［J］. 广东农业科学，41（8）：74-77.

全国机械振动、冲击与状态监测标准化技术委员会，2009a. 人体对振动的响应测量仪器：GB/T 23716—2009［S］. 北京：中国标准出版社.

全国机械振动、冲击与状态监测标准化技术委员会，2009b. 机械振动 人体暴露于手传振动的测量与评价 第 1 部分：一般要求：GB/T 14790.1—2009［S］. 北京：中国标准出版社.

汝绍锋，李梓豪，梁栋，等，2018. 天然橡胶树割胶技术的研究及进展［J］. 中国农机化学报，39（2）：27-31.

施晓佳，梁栋，汝绍锋，等，2018. 中国天然橡胶割胶产业的发展与探索 [J]. 价值工程，37（30）：275-277.

唐风平，2009. 新型多功能免磨割胶刀 [J]. 农机科技推广（8）：55.

田维敏，史敏晶，谭海燕，等，2015. 橡胶树皮结构与发育 [M]. 北京：科学出版社.

王福军，2004. 计算流体动力学分析 [M]. 北京：清华大学出版社.

王玲玲，黎土煜，陈娃容，等，2022. 我国热带丘陵山区胶园采收机械和技术研究现状 [J]. 安徽农业科学，50（12）：183-187＋192.

王玲玲，郑勇，黄敞，等，2021.4GXJ 系列便携式电动割胶装备与技术应用 [J]. 中国热带农业（6）：18-21＋62.

王英卓，田杰，焦德民，2020. 一种常阻尼隔震支座开发及在建筑结构的应用研究 [J]. 建筑科学，36（1）：123-129.

王驭陌，张燕，2015，基于 TRIZ 理论的智能割胶刀设计 [J]. 湖北农业科学，54（12）：3010-3014.

韦贵剑，陆文娟，彭天缘，等，2015. 甘蔗间套种花生最佳模式探讨 [J]. 南方农业学报，46（6）：1007-1011.

魏小弟，2009. 高产高效是割胶技术的永恒主题 [J]. 中国热带农业（6）：38-39.

魏小弟，2010. 我国割胶生产技术现状和建议 [J]. 中国热带农业（2）：5-7.

吴继林，郝秉中，云翠英，1983. 橡胶树针刺采胶的解剖学研究 [J]. 热带作物学报（1）：67-74.

吴明，魏小弟，校现周，2014. 提高割胶劳动生产率的探讨 [J]. 中国热带农业（3）：18-19.

吴明忠，杨帆，2019. 工作场所手传振动的测量与评估——以割草机和绿篱机为例 [J]. 中国安全生产科学技术，15（6）：168-173.

吴思浩，黄敞，陈娃容，等，2019. 电动割胶机（4GXJ-2 型）：CN305145852S [P].

校现周，2005. 我国割胶制度的现状分析与国外研究进展 [J]. 热带农业科学（4）：65-67.

校现周，许闻献，罗世巧，等，1998. 橡胶树微割技术若干问题的研究 [J]. 热带农业科学（5）：1-6.

谢黎黎，姜泽海，黄志，2016. 中国割胶制度的发展历程及解决胶工短缺建议 [J]. 热带农业科学，36（11）：15-19.

许闻献，1981. 关于针刺采胶若干问题的研究 [J]. 热带作物科技，3：1-10.

许闻献，1996. 论高效采胶的发展趋向 [J]. 热带作物科技（1）：5-13.

许闻献，冯金桂，1981. 针刺采胶技术及其生理学研究——Ⅰ. 橡胶幼龄无性系针刺采胶的产量效应及其生理状况 [J]. 热带作物学报 (1)：21-33.

许闻献，黄圣明，魏小弟，等，1981. 针刺采胶技术及其生理学研究——Ⅱ. 不同刺激强度和采胶强度对成龄芽接树针刺采胶生理参数的影响 [J]. 热带作物学报 (1)：34-43.

许闻献，魏小弟，李汉怀，1982. 针刺采胶技术及其生理学研究——Ⅳ. 幼龄无性系 RRIM600 针刺采胶的品系特性 [J]. 热带作物学报 (2)：31-41.

许闻献，曾庆，黄文成，2000. 中国橡胶树割制改革 30 年 [J]. 热带农业科学，88 (6)：57-71.

雅罗斯拉夫·土皮，朱贤锦，1974. 采用微型割胶法的可能性 [J]. 热带作物译丛 (2)：7-8＋23.

杨文凤，黄学全，校现周，2015. 从割胶技术方面解决胶工短缺的探讨 [J] 中国热带农业 (5)：7-10.

杨文凤，罗世巧，吴明，等，2020. 七天一刀刺激割胶对 PR107 产量及生理参数的影响 [J]. 热带农业科学，40 (3)：6-12.

杨文凤，牛静明，罗世巧，等，2012. 橡胶树气刺割胶中不同割线长度生理效应研究 [J]. 热带作物学报，33 (11)：1971-1975.

杨文凤，校现周，2013. 橡胶树气刺割胶技术研究现状与亟待解决的问题 [J]. 中国热带农业 (4)：18-21.

杨文凤，校现周，吴明，等，2021. 我国高效割胶新技术推广应用概况 [J] 中国热带农业 (6)：5-10＋58.

姚元园，2016. 深度分析东南亚橡胶产业发展状况 [J]. 世界热带农业信息 (11)：1-10.

张慧，张燕，2015. 基于 PLC 控制的小型割胶机的设计 [J]. 农机化研究，37 (1)：168-170＋195.

张燕，王驭陌，2015. 一种智能式割胶刀：CN104381093A [P].

郑义明，2012. 多功能电动胶刀：CN202565880U [P].

郑勇，张以山，曹建华，等，2016. 一种采胶方法、采胶处理器和采胶装置：CN106063451A [P].

郑勇，张以山，曹建华，等，2017. 4GXJ-1 型电动胶刀采胶对割胶和产胶特性影响的研究 [J]. 热带作物学报，38 (9)：1725-1735.

中华人民共和国农业部，2006a. 推式割胶刀：NY/T 267—2006 [S]. 北京：中国农业出版社.

中华人民共和国农业部，2006b. 橡胶树割胶技术规程：NY/T 1088—2006 [S]. 北京：中国农业出版社.

中华人民共和国农业农村部，2020. 橡胶树割胶技术规程：NY/T 1088-2020 [S]. 北京：中国标准出版社.

中华人民共和国卫生部，2007. 工作场所有害因素职业接触限值 第2部分：物理因素：GBZ 2.2—2007［S］. 北京：人民卫生出版社．

周珉先，张钢，2016. 便携式电动割胶机：CN205093296U［P］.

周振清，尚绍英，1987. 积层橡胶减震建筑，经受地震考验证实有效［J］. 工程抗震，（4）：39.

ANSI，2006. Guide for the measurement and evaluation of human exposure to vibration transmitted to the hand：ANSI S2.70［S］. New York：American National Standards Institute.

Diarrassouba M，Soumahin EF，Coulibaly LF，et al. ，2012. Latex harvesting technologies adapted to clones PB 217 and PR 107 of *Hevea brasiliensis* Muell. Arg. of the slow metabolism class and to the socio-economic context of Côte d'Ivoire［J］. International Journal of Biosciences，2 (12)：125-138.

EC，2002. On the minimum health and safety requirements regarding the exposure of workers to the risks arising from physical agents (vibration)：EC /44［S］. Luxembourg：The European Parliament and Council of European Union.

ISO，2001. Mechanical vibration-measurement and evaluation of human exposure to hand-transmitted vibration-Part1：General requirements：ISO 5349—1［S］. Geneva：International Organization for Standardization.

ISO，1997. Mechanical vibration and shock-human exposurebiodynamic coordinate systems：ISO 8727—1997［S］. Geneva：International Organization for Standardization.

SJ Soumya，RS Vishnu，RN Arjun，et al. ，2016. Design and testing of a Semi Automatic Rubber Tree Tapping machine［C］. 2016 IEEE Region 10 Humanitarian Technology Conference (R10-HTC)，Dayalbagh，INDIA.

Samsidarbte Hamzah，J. B. Gomez，1981. Anatomy of bark renewal in normal puncture tapped trees［J］. J. Rubb. Res. Inst. Malaysia，29 (2)：86-95.

Soumahin EF，Obouayeba S，Anno PA，2009. Low tapping frequency with hormonal stimulation on *Hevea brasiliensis* clone PB 217 reduces tapping manpower requirement［J］. Journal of Animal & Plant Sciences，2 (3)：109-117.

Yue Zhao，Li-Min Zhou，Yue-Yi Chen，et al. ，2011. MYC genes with differential responses to tapping，mechanical wounding，ethrel and methyl jasmonate in laticifers of rubber tree (*Hevea brasiliensis* Muell. Arg.)［J］. Journal of Plant Physiology，168 (14)：1649-1658.

附录一

ICS 65.060.50
B 91

团 体 标 准

T/NJ 1196—2020/T/CAAMM 65—2020

农业装备 电动割胶刀

Agricultural Installment Motorized Tapping Knife

2020-11-12 发布   2021-02-12 实施

中国农业机械学会
中国农业机械工业协会 发布

前　言

本文件按照 GB/T 1.1—2020《标准化工作导则　第 1 部分：标准化文件的结构和起草规则》的规定起草。

本文件由中国农业机械学会和中国农业机械工业协会联合提出。

本文件由全国农业机械标准化技术委员会（SAC/TC 201）归口。

本文件起草单位：中国热带农业科学院橡胶研究所、中国热带农业科学院农业机械研究所、四川辰舜科技有限公司、江苏驰骋精密部件有限公司。

本文件主要起草人：曹建华、肖苏伟、张以山、王玲玲、吴思浩、郑勇、陈娃容、黄敞、刘国栋、金千里、邓怡国。

本文件为首次制定。

农业装备 电动割胶刀

1 范围

本文件规定了电动割胶刀的术语和定义、型号、技术要求、检验规则及标志、包装、运输和贮存。

本文件适用于进行天然橡胶树割胶作业的额定电压低于 36V 的电动割胶刀（以下简称"割胶刀"），其他类型的电动割胶刀可参照使用。

2 规范性引用文件

下列文件中的内容通过文中的规范性引用而构成本文件必不可少的条款。其中，注日期的引用文件，仅该日期对应的版本适用于本文件；不注日期的引用文件，其最新版本（包括所有的修改单）适用于本文件。

GB/T 191　包装储运图示标志

GB/T 5669　旋耕机械 刀和刀座

GB/T 9969　工业产品使用说明书

GB 10396　农林拖拉机和机械、草坪和园艺动力机械安全标志和危险图形 总则

GB/T 13306　标牌

GB/T 13818　压铸锌合金

GB/T 15114　铝合金压铸件

GB/T 30512　汽车禁用物质要求

NY/T 1088—2006　橡胶树采胶技术规程

NY/T 267—2006　推式割胶刀

3 术语和定义

NY/T 267 和 NY/T 1088 界定的及下列术语和定义适用于本

文件。

3.1 电动割胶刀 motorized tapping knife

以电池作为能源驱动电机，带动刀片往复或旋转运动切割天然橡胶树皮，使胶乳从切断的乳管处自然流出，从而获得洁净天然橡胶（胶乳）的辅助采胶工具。

3.2 切割刀片 cutting blade

安装在割胶刀机体前端的固定座上，在电机动力驱动下，对橡胶树皮进行切割作业的金属刀片。

3.3 卷刃 curved blade

在割胶作业时，割胶刀刀片刃口出现卷曲的现象。

3.4 裂刃 broken blade

在割胶作业时，割胶刀刀片刃口出现裂纹的现象。

3.5 崩刃 blade tipping

在割胶作业时，割胶刀刀片刃口出现缺口损坏现象。

3.6 齿刃 jagged blade

在割胶作业时，割胶刀刀片刃口有肉眼可见的锯齿状现象。

3.7 限位导向器 limited guide apparatus

对割胶深度和耗皮厚度起限位作用的装置。

3.8 耗皮量调节装置 bark consumption regulation device

安装于导向器上、可连续调节导向器限位端与切割刀片水平刃之间的相对位置的装备，或安装于切割刀片与底座之间，用于调节切割刀片水平刃与导向器限位端在竖直方向的相对位置，用于调节耗皮厚度的装置。

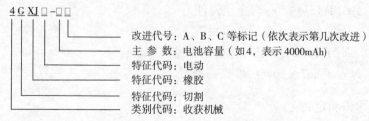

4GXJ□-□□

改进代号：A、B、C 等标记（依次表示第几次改进）
主 参 数：电池容量（如4，表示4000mAh）
特征代码：电动
特征代码：橡胶
特征代码：切割
类别代码：收获机械

示例：4GXJ-4C，表示第三次改进、电池容量为 4 000mAh 的电动割胶刀。

4 产品型号

5 技术要求

5.1 一般技术要求

5.1.1 割胶刀主机重量不大于 500g，切割器部分在使用过程中可根据使用工况便于拆卸、调试或更换刀片。

5.1.2 割胶刀零件、部件用紧固件连接的，应连接牢固，表面光滑无毛刺，不应有松动现象。

5.1.3 工作时不应有异常响声和卡顿现象。

5.1.4 各操纵机构或按钮应轻便灵活，松紧适度。所有自动回位的操纵件或按钮在操纵力去除后应能自动复位，非自动回位的操纵件或按钮应能可靠地停在操纵位置。

5.1.5 刀片刀面平滑，无卷刃、缺刃、齿刃缺陷。刀片硬度不小于 50HRC，承受 100N 压力不变形、不断裂。刀片圆杆 R 角不大于 1.0°。

5.1.6 塑料手柄外壳在承受不小于 25N 压力和撞击力不应变形和破损。

5.2 材料要求

5.2.1 塑料手柄外壳应使用阻燃等级 UL94-HB 及以上等级材料，能承受不小于 25N 压力和撞击力。

5.2.2 塑料材料符合 GB/T 30512 规定要求。

5.2.3 压铸铝合金材料，应符合 GB/T 15114 要求。抗拉强度不小于 300MPa，延伸率不大于 3.6%，硬度不小于 80HBW。

5.2.4 压铸锌合金材料，应符合 GB/T 13818 要求，抗拉强度不小于 300MPa，延伸率不大于 3.6%，硬度不小于 80HBW。

5.2.5 切割刀片应使用硬度不小于 50HRC，其他机械传动部件应使用硬度不小于 40HRC 的钢质材料。

5.3 主要性能指标

在使用说明书规定作业条件下，割胶刀主要性能指标应符合附表

1-1规定。

附表 1-1　电动割胶刀性能指标

序号	项　　目		指标
			阳刀割胶
1	电池持续工作时间/h		≥3.5
2	电压/ V		≤24
3	耗皮量/mm	d/3	1.10～1.30
		d/4	1.31～1.50
		d/5	1.51～1.70
		d/6	1.71～1.90
		d/7	1.91～2.50
4	胶水清洁度		无树皮碎屑污染胶水
5	割胶深度/mm		常规割胶 1.2～1.8，刺激割胶≥2.0
6	割面均匀度/%		达到 NY/T 1088—2006 良等要求
7	下收刀		达到 NY/T 1088—2006 良等要求
8	割胶速度		达到 NY/T 1088—2006 优等要求
9	切片数		达到 NY/T 1088—2006 优等要求
10	噪声/dB（A）		≤85
11	手柄振动/m/s^2		≤4.5

5.4　可靠性

5.4.1　切割刀片，割围径约 600cm 的橡胶树应不少于 1 000 株，不应有断裂、裂刃、卷刃、崩刃、齿刃、变形等现象。刀片累计使用寿命应不小于 40h，有效度应不小于 80%。

5.4.2　割胶刀在最高转速空载连续运行 80h，无卡顿、异响等机械故障，部件无变形，有效度应不小于 90%。

5.5　装配要求

5.5.1　割胶刀各配套件、零部件应符合 5.1 和 5.2 规定和设计要求，且应检验合格后，方可进行装配。

5.5.2　机壳结合面应无明显缝隙、错位等缺陷。机壳装配结合裂缝小于 0.2mm，错位小于 0.2mm。

5.5.3 所有紧固件连接应牢靠，不应有漏装和松动现象。

5.5.4 限位导向器与机体安装卡槽之间的间隙应小于 0.1mm，并可灵活移动。

5.5.5 割胶刀装配后，应在额定电压下磨合不少于 30min。

5.6 整机技术要求

5.6.1 割胶刀磨合试验后，应符合下列要求：

——运行过程中应平稳，传动系统无异常响声；

——手柄温升不大于 25℃。

5.6.2 源开关和无级调速开关应操控灵活、准确可靠、无故障。

5.6.3 电池包与主机的连接线插拔顺利，锁住时不能随意脱落。连接后，机器能正常运转。

5.6.4 割胶刀置于 40℃±2℃、相对湿度为 90%±3% 环境下 6h，取出空载运行 60min，无故障，外观无不良现象。

5.6.5 割胶刀机体跌落测试，整机没有明显的破裂和安全隐患，割胶刀能正常运转。

5.6.6 所有焊缝应牢固，不得有咬边、假焊、焊穿等影响强度的缺陷。

5.6.7 外观应色泽鲜明、平整光滑，涂层应无漏底、花脸、流痕、起泡和起皱。

5.7 安全要求

5.7.1 割胶刀作业时，作业噪声应不大于 85dB（A）。

5.7.2 割胶刀作业时，操作手柄振动不大于 4.5m/s²。

5.7.3 机器的开口尺寸及其对应的危险运动件应有防护装置。

5.7.4 应有过流保护装置，动力导线应有绝缘防护措施。蓄电池应有防雨措施，所有接电端子均应防护，不得裸露。

5.7.5 电源输出口、外露旋转件应有安全防护装置，并应在附近明显位置处设置安全标识，安全标志应符合 GB 10396 的规定。

5.7.6 手持部位距离刀片距离应不小于 6cm。

5.7.7 产品使用说明书应符合 GB/T 9480 的规定，并应有安全注意事项说明，产品上设置的安全标志应在使用说明书中复现。

6 试验方法

6.1 试验前准备

6.6.1 样机应按照使用说明书进行安装、调试、试运转。试验前，样机处于正常运转状态。

6.6.2 选择芽接树离地 100cm 处或优良实生树离地 50cm 处、茎围不小于 60cm 的橡胶树进行割胶试验，橡胶树应不少于 100 株。

6.2 测试方法

6.2.1 性能检测

6.2.1.1 电池持续工作时间测定，电池充满电后，记录割胶刀从开始割胶到不能正常割胶时的累积割胶工作时间（不包括转移时间），精确到分钟。

6.2.1.2 耗皮量、割胶深度、割面均匀度、下收到、割胶速度、切片数按 NY/T 1088－2006 规定进行检测。

6.2.2 装配要求

用游标卡尺测量错位，塞尺测量间隙。其他项目目测或操作检查。

6.2.3 整机技术要求

6.2.3.1 手柄温升

用温度计测量割胶刀磨合试验前、后的手柄温度，计算磨合后测量的温度与磨合前测量的温度差值。

6.2.3.2 跌落试验

将电动割胶刀机体（不含电池）从 1m±5cm 高度位置自由跌落泥土地面 3 次，用眼睛观察外表是否有破损、变形。连接电源，启动电动割胶刀，观察是否能正常运行。

6.2.3.3 其他项目操作检查或目测。

6.2.4 安全检测

6.2.4.1 安全防护、安全信息采用目测或操作检查。

6.2.4.2 用声级计的"A"计权网络和慢挡进行测量作业噪声，将声级计靠近割胶刀一侧的耳部，测 3 次取最大值为试验结果。测量时，天气良好，实测噪声值与本底噪声值之差不小于 10dB（A）。

6.2.4.3 操作手柄振动测量，在割胶刀空载、最高转速运转下，分别手柄 x、y、z 三个方向的振动加速度有效值 a_x、a_y、a_z，计算总振动值 a 连续测量 3 次，计算总振动值 a 算术平均值。

$$a = \sqrt{a_x^2 + a_y^2 + a_z^2} \qquad (5\text{-}1)$$

式中：

a——总振动值，单位为米每平方秒（m/s²）；

a_x、a_y、a_z——分别为扶把 x、y、z 方向上的频率计权加速度的有效值，单位为米每平方秒（m/s²）。

6.2.5 刀片

6.2.5.1 外观采用目测。

6.2.5.2 硬度，抽 2 把割胶刀，按 GB/T 5669 的规定，测量刀身处的硬度，每处测量 3 点。

6.2.5.3 固定刀片两端，在中间任一位置施加 100N 压力进行测试。

6.2.5.4 选择围茎约 600mm 的橡胶树，切割原生皮，记录连续割完 1 000 株橡胶树后，目测刀片是否有断裂、裂刃、卷刃、崩刃、齿刃等现象，抽检刀片数量不少于 3 片；记录刀片累计使用时间不少于 40h 后，目测检测有断裂、裂刃、卷刃、崩刃、齿刃等现象的刀片率不大于 20％，即有效度不小于 80％，抽检刀片数不少于 10 片。

6.2.6 可靠性

连接额定电源，设定最高转速，割胶刀在空载状态下连续运行 80h，停机后观测割胶刀是否有故障、异响等不良现象和质量问题。拆机用游标卡尺检测功能部件磨损、变形情况。抽检机器数量不少于 2 台。

6.2.7 设计及外观

6.2.7.1 质量采用电子秤称量。

6.2.7.2 小圆杆 R 角采用目测检查和 R 规测量的方式。

6.2.7.3　塑料手柄材料耐压和撞击力，采用固定手柄两端，在中间任意位置施加不小于 25N 压力和撞击力进行测试。

6.2.7.4　用目测，检查各部件是否有缺损、毛边、毛刺。

7　检验规则

7.1　检验分类

7.1.1　出厂检验

7.1.1.1　每台割胶刀均应进行出厂检验，检查割胶刀的功能、装配质量、外观质量和产品完整性是否符合出厂条件。

7.1.1.2　出厂检验应按表 2 规定的项目进行。出厂检验项目全部合格后，附合格证方可入库或出厂。

7.1.2　型式检验

割胶刀正常生产时，一般每 3 年应进行 1 次型式检验，以对割胶刀的技术性能、可靠性做出全面评定。当遇有下列情况之一时，应进行型式检验：

——新产品定型鉴定及老产品转厂生产时；

——结构、工艺、材料有较大的改变，可能影响产品性能时；

——工装、模具的磨损可能影响产品性能时；

——产品停产 1 年以上后恢复生产时；

——国家质量监督检验机构提出进行型式试验要求时。

7.2　抽样

7.2.1　采用随机抽样，在工厂近 6 个月生产的合格产品中抽取。抽样基数不少于 10 台，样本大小为 2 台，在用户和市场抽样不受此限。

7.2.2　样机抽取封存后至检测工作时间结束期间（可靠性试验除外），除按使用说明规定进行保养和调整外，不得再调整、修理和更换。

7.2.3　检验项目分类见附表 1 - 2，按其对产品质量的影响程度，分为 A、B、C 三类。A 类为对产品质量有重大影响的项目，B 类为对产品质量有较大影响的项目、C 类为对产品质量影响一般的项目。

附表 1-2 不合格分类

项目分类		项目名称	对应条款	出厂检验	型式检验
A	1	可靠性	5.4	—	√
	2	电池持续工作时间	5.3	—	√
	3	安全要求	5.7	√	√
B	1	工作质量	5.1.3	—	√
	2	耗皮量	5.3	—	√
	3	割胶深度	5.3	—	√
	4	割面均匀度	5.3	—	√
	5	下收刀	5.3	—	√
	6	割胶速度	5.3	—	√
	7	切片数	5.3	—	√
	8	装配要求	5.5	√	√
	9	刀片硬度	5.1.5	√	√
	10	材料要求	5.2	√	√
C	1	手柄温升	5.6.1	√	√
	2	跌落强度	5.6.5	—	√
	3	操纵机构	5.1.4	—	√
	4	焊接质量	5.6.6	√	—
	5	外观	5.6.7	√	√
	6	标牌	8.1.2	√	√
	7	使用说明书	5.7.7	√	√

注："√"为必检项目，"—"为非必检项目。

7.3 判定方案

判定方案按附表1-3，表中接收质量限 AQL、接收数 Ac、拒收数 Re 均按计点法（即不合格项次数）计算。采用逐项考核，按类别判定的原则，若各类不合格项次小于或等于接收数 Ac 时，判定该产品合格；若不合格项次大于或等于该拒收数 Re 时，判定该产品不合格。

附表 1-3 判定方案

	不合格分类	A		B		C	
抽样方案	样本数	2					
	检验检查水平	S-1					
	项目数	3		8		8	
合格判定	AQL	6.5		40		65	
	Ac Re	0	1	2	3	3	4

8 标志、包装、贮存和运输

8.1 标志

8.1.1 割胶刀应在明显的位置设有产品标牌，标牌应内容清晰、固定牢固。

8.1.2 产品标牌的型式应符合 GB/T 13306 的规定，应至少包括以下内容：

    a）产品名称、型号；

    b）主要参数（额定电压、电池容量、转速等）；

    c）出厂日期和/或出厂编号；

    d）制造厂名称、地址。

8.2 包装

8.2.1 外包装上的标记应符合 GB/T 191 的规定。

8.2.2 割胶刀出厂时应附有下列文件和随机附件：

    a）产品合格证；

    b）使用说明书；

    c）装箱清单；

    d）保修卡。

8.2.3 包装场所应清洁，确保包装箱内无杂物、毛发、昆虫等异物混入。

8.2.4 按照装箱清单，确保无物品多装、漏装。

8.2.5 标明产品名称和型号、研制单位名称和商标、包装箱尺寸（长×宽×高）、毛重。还应有"防潮"标志。

8.3 贮存和运输

    产品应贮存在干燥、通风的仓库内，并注意防潮，避免与酸、碱、农药等有腐蚀位物质混放，库存应放进整齐，遂免超重紧压和撞击。在运输过程中，应防止剧烈震动、挤压、雨雪淋袭及化学品侵蚀。搬运必须轻拿轻放、堆码整齐，严禁翻滚和抛掷。

附录二

农业机械推广鉴定大纲

DG46/Z 004—2021

农业装备　电动割胶刀

Agricultural Installment　Motorized Tapping Knife

2021-07-15 发布　　　　　　　　　2021-07-15 实施

海南省农业农村厅 发布

目　次

前　言

本大纲按 TZ 1—2019《农业机械推广鉴定大纲编写规则》编写。

本大纲为首次制定。

本大纲由海南省农业农村厅提出。

本大纲由海南省农业机械鉴定推广站技术归口。

本大纲起草单位：中国热带农业科学院橡胶研究所、海南省农业机械鉴定推广站。

本大纲主要起草人：肖苏伟、曹建华、张以山、邓祥丰、陈召、吴思浩、王玲玲。

电动割胶刀

1 范围

本大纲规定了电动割胶刀专项鉴定的鉴定内容、方法和判定规则。

本大纲适用于以锂电池为动力的往复式割胶刀的专项鉴定。

2 规范性引用文件

下列文件对于本文件的应用是必不可少的。凡是注日期的引用文件，仅注日期的版本适用于本文件。凡是不注日期的引用文件，其最新版本（包括所有的修改单）适用于本文件。

GB/T 10396 农林拖拉机和机械、草坪和园艺动力机械安全标志和危险图形 总则术语和定义

3 术语和定义

下列术语和定义适用于本文件。

3.1 电动割胶刀 motorized tapping knife

以电池作为能源驱动电机，带动刀片运动切割天然橡胶树皮，使胶乳从切断的乳管处自然流出，从而获得洁净天然橡胶（胶乳）的采胶工具。

3.2 割胶深度 cutting depth

割胶时切去树皮的内切口到木质部外表面的垂直距离（mm）。

3.3 耗皮厚度 bark consumption

割胶时切下的树皮切片的厚度（mm）。

3.4 割胶速度 tapping speed

每刀次割完一株橡胶树所耗时间（s/刀次）。

3.5 切片数 number of shavings

每刀次割完一株胶树产生的树皮切片数量。

3.6 割面均匀度 tapping panel uniformity

割胶后割面的平顺程度。

4 基本要求

4.1 需补充提供的文件资料

除申请时提交的材料之外，需补充提供以下材料：

a）产品规格表（见附录 A）1 份；

b）样机照片（左前方 45°、右前方 45°、正后方、产品铭牌各 1 张）；

c）创新性证明材料（发明专利、实用新型专利、科技成果评价证书、科技成果查新报告）；

d）锂电池提供 CQC 认证。

以上材料需加盖制造商公章。

4.2 参数准确度及仪器设备

被测参数的准确度要求见表 1。选用仪器设备的量程和准确度应满足附表 2-1 的要求。试验用仪器设备应经过计量检定或校准且在有效期内。

附表 2-1 被测参数准确度要求

序号	被测参数名称	测量范围	准确度要求
1	噪声	30dB（A）～130dB（A）	Ⅱ级
2	长度	0～150mm	0.02mm
		0～500mm	0.1mm
		0～1 000mm	1mm
3	时间	0～10h	0.01s/d
4	质量	0～5 000g	1g

4.3 样机确定

样机由制造商无偿提供且应是 12 个月以内生产的合格产品，抽样基数不少于 30 台，抽样数量为 2 台，其中 1 台用于试验鉴定，1 台备用。样机应在制造商明示的合格品存放处获得，由鉴定人员验样并经制造商确认后，方可进行鉴定。试验鉴定完成且制造商对鉴定结果无异议后，样机由制造商自行处理。在试验过程中，由于非样机质量原因造成试验无法继续进行时，可以启用备用样机重新试验。

5 鉴定内容和方法

5.1 一致性检查

5.1.1 检查内容和方法

一致性检查的项目、允许变化的限制范围及检查方法见附表 2 - 2。制造商填报的产品规格表的设计值应与产品执行标准、产品使用说明书所描述的一致。对照产品规格表的设计值对样机的相应项目进行检查。

附表 2 - 2 一致性检查项目、限制范围及检查方法

序号	检查项目	限制范围	检查方法
1	产品名称	一致	核对
2	型号	一致	核对
3	型式	一致	核对
4	额定电压	一致	核对
5	锂电池容量	一致	核对
6	外形尺寸（长×宽×高）	允许偏差≤5%	测量
7	整机质量	允许偏差≤5%	测量
备注	电动割胶刀外形尺寸指主机尺寸，不包括各种配套设备。		

5.1.2 判定规则

一致性检查的全部项目结果均满足表 2 要求时，结论为符合要求；否则，结论为不符合要求。

5.2 创新性评价

5.2.1 评价方法

5.2.1.1 创新性评价方法可采用资料审查、现场评价或专家评审等方式进行。

5.2.1.2 资料审查依据制造商提供的创新性证明材料，对产品创新性进行评价。

    a）发明专利。

    b）实用新型专利。

    c）科技成果评价证书。

    d）科技成果查新报告。

5.2.1.3　现场评价或专家评审由省级及以上农机检测鉴定机构组织专家组成评审组，对制造商提供的创新性材料进行评价，专家组人数为单数且不少于 3 名。

5.2.2　判定规则

5.2.2.1　资料审查评审的，制造商（申请方）提供的创新性证明材料满足 5.2.1.2 的要求不少于两条时，创新性评价结论为符合要求；否则，结论为不符合要求。

5.2.2.2　采用现场评价或专家评审方式进行的创新性评价，以现场评价或专家评审的结论为准。

5.3　安全性检查

5.3.1　安全防护

5.3.1.1　割胶刀的开口及对应的危险运动件、电源输出口及其他外露旋转件，应有安全防护装置。

5.3.1.2　割胶刀电气系统应有过流保护装置，所有接电端子应有防护，不得裸露。

5.3.2　安全信息

5.3.2.1　对操作者存在或有潜在危险的部位附近的明显位置应设置安全警示标志，安全警示标志符合 GB 10396 的有关规定。

5.3.2.2　使用说明书中应有安全使用说明，产品上设置的安全警示标志应在使用说明书中复现。安全使用说明应包括以下内容：

    a）使用割胶刀前必须仔细阅读产品使用说明书；

    b）安全警示标志的内容、说明及粘贴位置；

    c）发现异常情况应立即停机，严禁在机器运转时排除故障。

5.3.3　安全性能

5.3.3.1　作业噪声

当割胶刀正常割胶作业时，将测量仪器置于水平位置，传声器面向噪声源，传声器距离地面高度为 1.5m，与割胶刀表面距离为 1m（按基准体表面计），用慢档测量 A 计权声压级。测量点应不少于 4点，通常位于割胶刀四周测量表面矩形的中心线上，当相邻测点实测噪声值相差大于 5dB（A）时，应在其间（在矩形边上）增加测点，每点测量 3 次。

各测点的背景噪声在样机停止运转时测量。当某一测点上实测噪声值与背景噪声之差小于 3dB（A）时，测量结果无效；大于 10dB（A）时，则背景噪声的影响可忽略不计；小于或等于 10dB（A）且大于或等于 3dB（A）时，则按附表 2‑3 进行修正。

计算各测点修正后噪声值的平均值，取各点噪声平均值的最大值为测定结果。噪声不大于 85dB（A）。

附表 2‑3   噪声修正值

背景噪声与样机噪声的差值 a/dB（A）	$a=3$	$3<a\leqslant5$	$5<a\leqslant8$	$8<a\leqslant10$	$a>10$
从测量值中应减去/dB（A）	3	2	1	0.5	0

5.3.4　判定规则

安全防护、安全信息和安全性能均满足要求时，安全性检查结论为符合大纲要求；否则，安全性检查结论为不符合大纲要求。

安全性检查可采信具有资质的检验检测机构依据相关国家标准、行业标准、地方标准、团体标准、企业标准或鉴定大纲出具的安全性检查报告。

5.4　适用地区性能试验

5.4.1　试验内容

试验内容包括割胶机的割胶深度合格率、耗皮厚度、割胶速度、切片数、割面均匀度合格率及胶水清洁度 6 项性能指标。

5.4.2　作业性能试验

5.4.2.1　试验条件

a）样机安装应能满足产品使用说明书的要求。

b）试验用橡胶树要求：离地 100cm 处，树围不小于 50cm。

c）整个试验期间，样机除按产品使用说明书的规定进行调整保养外，不得做其他调整。

5.4.2.2 试验方法

a）割胶深度合格率

正常割胶作业，每割完一刀次后，用测深尺或游标卡尺的深度尺，从割线内切口处垂直树干方向刺入，至抵住木质部止，测定刺入深度。

常规割胶模式，割胶深度 1.2～1.8mm。

选择 5 株橡胶树，每株割一刀次。在离前后水线 20mm 处及割线中间各测 1 点，共 3 点。割胶深度合格率不小于 60％。

$$E = \frac{W}{T} \times 100\% \tag{1}$$

式中：

E——合格率；

W——合格测点数；

T——总测点数；

b）耗皮厚度。

割胶前，在离前后水线 50mm 处及割线中间各标记一点，连续割 15 刀次后，测定 3 个标记点分别到割面的垂直距离，取平均值。

$$H = \frac{\sum k_i}{45} (i = 1, 2, 3) \tag{2}$$

式中：

H——耗皮厚度（mm/刀次）；

k——测点连续 15 刀次的耗皮厚度（mm）；

i——测量点。

c）割胶速度。

样机达到正常工作状态时，以长度 30cm 的割线为基准，割 15 刀次，测定所耗时间，取平均值。

$$\eta = \frac{D}{15} \tag{3}$$

式中：

η——割胶速度（s/刀次）；

D——15 刀次所耗时间（s）。

d）切片数。

以长度 30cm 割线为基准，记录每刀次的树皮切片数。测定 5 刀次，取最大值。

e）割面均匀度合格率。

试验时，取割线长度不小于 30cm 的橡胶树，每割完一刀次后，测定有明显波浪、锯齿状和台阶状的割线长度，计算合格率。测定 5 刀次，取平均值。

$$P = (1 - \frac{\sum l_i}{5L}) \times 100\%, \quad (i = 1, 2, 3, 4, 5) \quad (4)$$

式中：

P——合格率；

i——刀次；

L——割线长度（cm）；

l——单刀次割线出现波浪、锯齿状和台阶状长度之和（cm）。

f）胶水清洁度。

每割完一刀次后，检查树皮、旧胶线等碎屑污染胶水的情况。

5.4.3 判定规则

性能试验结果满足表 4 中适用地区性能试验要求时，性能试验结论为符合大纲要求；否则，性能试验结论为不符合大纲要求。

5.5 综合判定规则

5.5.1 产品一致性检查、创新性评价、安全性检查、适用地区性能试验为一级指标，其包含的各检查项目为二级指标。指标分级与要求见附表 2 - 4。

附表 2 - 4 综合判定表

一级指标	二级指标			
	序号	项目	单位	要求
一致性检查	1	见表 2	/	符合要求
创新性评价	1	见 5.2.2	/	符合要求

（续）

一级指标	二级指标			
	序号	项目	单位	要求
安全性检查	1	安全防护	/	符合本大纲第5.3.1的要求
	2	安全信息	/	符合本大纲第5.3.2的要求
	3	安全性能 作业噪声	dB（A）	≤85
适用地区性能试验	1	割胶深度合格率	/	≥60%
	2	耗皮厚度 d/3	mm	1.1～1.3
	3	割胶速度	s/刀次	≤10
	4	切片数	片	≤30
	5	割面均匀度合格率	/	≥80%
	6	胶水清洁度	/	树皮、旧胶线等碎屑无明显污染胶水。

5.5.2 所有指标均符合大纲要求时，专项鉴定结论为通过；否则，专项鉴定结论为不通过。

附录 A
（规范性附录）

附表 2-5 产品规格表

序号	项目	单位	设计值
1	产品名称	/	
2	型号	/	
3	型式	/	
4	额定电压	V	
5	锂电池容量	mAh	
6	外形尺寸（长×宽×高）	mm	
7	整机质量	g	
备注	电动割胶刀外形尺寸指主机尺寸，不包括各种配套设备。		

企业负责人（签章）：　　　　　　　　　　年　　　月　　　日

附录三

企 业 标 准

CRRI-CYKJ- 001—2020

电动割胶刀割胶技术规范

The Operating Specification of
Motorized Tapping Knife for Natural Rubber

2020-07-06 发布

2020-10-06 实施

四川辰舜科技有限公司
中国热带农业科学院橡胶研究所

发布

前　言

　　本技术规范负责起草单位：四川辰舜科技有限公司。

　　本技术规范参加起草单位：中国热带农业科学院、中国热带农业科学院橡胶研究所。

　　本技术规范主要起草人：曹建华、张以山、陈娃容、刘国栋、肖苏伟、吴思浩、王玲玲、黄敞、郑勇。

1 范围

本技术规范阐明了电动割胶刀的使用技术与操作要求，以及技术培训，割胶效果要求，使用安全，维护与维修等内容，指导胶工正确使用电动割胶刀进行割胶作业。

适用于本电动割胶刀使用、维修和管理人员。

2 规范性引用文件

下列文件对于本文件的应用是必不可少的。凡是注日期的引用文件，仅注日期的版本适用于本文件。凡是不注日期的引用文件，其最新版本（包括所有的修改单）适用于本文件。

NY/T 267—2006 推式割胶刀

NY/T 1088—2006 橡胶割胶技术规程

T/NJ 1196—2020/T/CAAMM 65—2020 农业装备 电动割胶刀

3 定义与术语

3.1 电动割胶刀 Motorized Tapping Knife

用于天然橡胶收获领域，即以电池作为能源驱动电机，带动刀片精确切割天然橡胶树皮，使胶乳从切断的乳管处自然流出，从而获得洁净天然橡胶（胶乳）的电动采胶工具。一般人经过简单训练便能使用电动割胶刀进行割胶，有易学、操作省力、割胶效果好等特点。

3.2 切割刀片 Cutting Blade

在电机动力驱动下，对橡胶树皮进行切割作业的 L 形刀片，刀片包括第一刃、第二刃和第三刃，且第一刃、第二刃和第三刃相连呈 L 形。刀片安装固定端开设有长 U 形口，便于调节刀片在水平左右向位置，即与导向器限位顶端的相对位置，从而控制割胶深度。

3.2.1 第一刃 First Blade

第一刃为水平刃，与电动割胶刀手柄在水平面内垂直。第一刃一端与刀座连接，另一端与第二刃的一端连接。第一刃在刀片两侧对称布置。

3.2.2 第二刃 Second Blade

第二刃为圆弧刃，即通常传统胶刀所说的小圆杆。第二刀片一端与第一刃连接，另一端与第三刃连接。第二刃在刀片两侧对称布置。

3.2.3 第三刃 Third Blade

第三刃为竖直刃，相对于刀片在竖直方向布置，即与水平向的第一刃夹角在 $80°\sim90°$ 布置。第三刃一端与第二刃相连接。第三刃在刀片两侧对称布置。

3.3 导向器 Guide Apparatus

对割胶深度和耗皮厚度起限定、保护作用，由安装端与限位导向端构成，呈 L 形。其安装端的竖直向上设有 U 形固定孔，及长条形凸台，便于导向器准确调节安装高度，控制限位端底部与第一刃的竖直方向距离，从而控制割胶的耗皮厚度。另一端为割胶限位导向端，与切割刀片第一刃呈平行布置，其前端向刀身方向呈倾斜状，顶部为圆弧形，可减少与树皮之间的摩擦力。割胶作业时，其与割面接触，实现导向限位作用。

3.4 导向器安装座 Guide Mounting Seat

导向器通过导向器安装座固定于刀体上。安装座的水平方向上设有 U 形固定孔，及长条形凸台，可使安装座在沿电动割胶刀体中心轴线方向上准确调节前后固定位置。从而调节限位导向面与第一刃在水平方向的间距，利于树皮切割和排屑。

4 使用技术与操作要求

4.1 电动割胶刀的安装调试

4.1.1 电动割胶刀组成构件

电动割胶刀由切割器、导向器组、机体和电池组四部分组成。切割器包括切割刀片（具有第一、第二和第三刃）、刀座组成，由刀座、固定螺栓与刀体连接成一体；导向器组由导向器、导向器安装座组成；机体部分由机头、手柄及内置于手柄内的传动机构、电机、风扇、电子控制器组成；电池为高能锂电池，通过电源线与机体连接。附件包括作业工具包和充电器。如附图 3-1 和附图 3-2 所示。

附图 3-1　电动割胶刀整体外观图

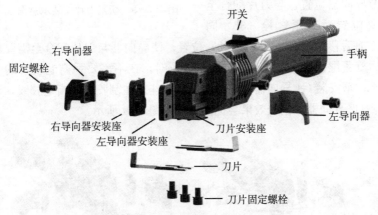

附图 3-2　电动割胶刀装配示意图

4.1.2　电动割胶刀安装与调试

电动割胶刀机体部分为整体结构，除专业维修人员外不得随意拆开。电动割胶刀切割器部分在使用过程可根据使用情况部分拆卸或调试。

（1）安装刀片

松开刀片紧固螺栓（2），对齐刀片底端台阶面、立刃朝上，把立刃侧无台阶的刀片置于刀座（7）下端，另一刀片与其台阶配合安装，根据所割树皮厚度，参照说明书中切割深度调节章节内容，左右移动调整刀片（1）到合适的位置，再旋紧刀片紧固螺栓（2）。如附图 3-3 所示。

（2）安装导向器

分别将左右导向器（G1 或 G2）安装座（2）上的凸起（2a）对准机体前端左右两侧的导向器安装凹槽（4）后插入，用紧固螺栓（3a）

穿过导向器安装座（2）的固定
孔（2b），安装于机体螺孔内
（5），再将导向器上的凸条（1b）
插入安装座（2）上的凹槽（2c）
内，用螺栓（3b）穿过导向器固
定孔（1a）安装到导向器安装座
（2）上的螺纹孔（2d）上，上下
调节导向器位置，与刀片配合至

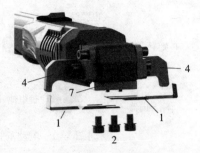

附图 3-3　切割刀片安装示意图

需要位置后旋紧螺栓（3b）固
定。前后移动导向器安装座（2）位置，使导向器与刀片配合至需要位
置后旋紧螺栓（3a）固定。在割胶作业时，在不需要手撕老胶线的情
况下，请安装 G1 导向器，割胶效果会更佳。在割胶前手撕老胶线，请
安装 G2 导向器，割胶效果会更佳。如附图 3-4 所示。

附图 3-4　导向器安装示意图

（3）调节耗皮厚度

可通过上下调节导向器（1）来
调整割胶时的耗皮量。松开螺栓
（2），上下调整导向器，导向器（1）
下调，耗皮量减少；导向器上调，耗
皮量增加。调整范围为 0—3mm。调
整至合适位置后，旋紧固定螺栓（2）
即可。如附图 3-5 所示。

附图 3-5　割胶厚度调节示意图

（4）调节割胶深度

可通过向 A 或向 B 方向移动刀片（2）的位置来调整不同的切割
深度。为防止割伤橡胶树，应保证刀片（2）在导向器（4）内侧，并

与导向器（4）的间隙 d 为 0~0.1mm。调整时先松开刀片紧固螺栓（1），将刀片（2）向 A 或 B 方向移动到合适位置，再旋紧螺栓（1）。如附图 3-6 所示。

附图 3-6　割胶深度调节示意图

（5）调整排屑槽宽度

可通过向 E 或 F 方向移动导向器位置来调整不同的排屑槽宽度（D）。调整时先松开导向器紧固螺栓（5），将导向器（1）向 E 方向移动，调大排屑槽宽度，最宽不大于 2mm，或将导向器（4）向 F 方向移动，调小排屑槽宽度，最小不小于 1mm，根据所需耗皮量的大小确定合适的位置，再旋紧螺栓（5）。如附图 3-7 所示。

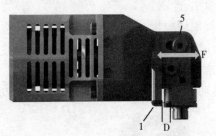

附图 3-7　排屑槽宽度调节示意图

（6）连接电源

使用之前先把电动割胶刀电源线（公头）与电动割胶刀连接头（母头）对插、顺时针旋紧即完成电源线的连接。断开电源线时，逆时针旋转线头，拔出即可。如附图 3-8 所示。

（7）连接电池

使用之前先把电动割胶刀电源线（公头）与锂电池连接头（母

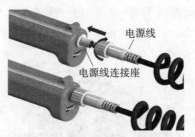

附图 3-8　电源连接示意图

头）对插、顺时针旋紧即完成电池与电源线的连接。断开电源线时，逆时针旋转线头，全松后拔出即可。如附图 3-9 所示。

附图 3-9　电池连接示意图

（8）无级调速开关

使用之前，根据橡胶树年龄及树皮厚薄情况，旋转无级调速开关（6），设定一个合适的转速，以保证既能满足切割树皮所需的动力，又避免速度过快造成伤树。顺时针转动调节开关（6），速度减小，直至为"0"，逆时针转动，速度变大，直至为最高转速。如附图 3-10 所示。

6

附图 3-10　无级高速开关示意图

（9）充电

请务必使用本机配备的标准充电器充电，以免损坏电池。充电时将充电器接口插入电池充电口，充电器指示灯亮并闪烁。充满电时充电器指示灯变亮并停止闪烁。此时，按下电池电量显示按钮，5 个指示灯全亮（每一指示灯表示 20％的电量）。为保持锂电池最大寿命，请在电池组完全放电前充电，发现机械动力不足时，需停止机器作业并及时充电。切勿对已充满的电池组再次充电，过度充电会减少电池的使用寿命。充电室温要求：10～30℃。如附图 3-11 所示。

（10）检查测试

检查各连接部分是否连接牢固，切割刀片第一刃和第三刃与刀体是否相互垂直，刀口是否锋利；割胶耗皮厚度、深度及排屑口位置是否合适；打开开关查看刀头部分运动是否平稳。

（11）保管

通过以上 10 步操作，即完成对电动割胶刀的刀片安装与调节及充电操作。将调试好的电动割胶刀的刀口一端插入专用工具袋中并拴好固定绑带。在未割胶作业时，请断开电源。

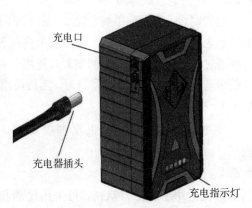

附图 3-11　充电示意图

4.2　技术培训

4.2.1　技术胶工

已持传统胶刀合格上岗证的胶工使用本机前，须认真阅读和正确理解电动割胶刀使用说明和本技术规程。经电动割胶刀使用培训并通过考核后方可使用本机。培训重点是持本机割胶的步法和手姿等。

4.2.2　新胶工

新胶工需先接受割胶基本知识培训，然后认真阅读和正确理解电动割胶刀使用说明和本技术规程。经电动割胶刀使用培训并通过考核后方可使用本机。新胶工需使用本机在树桩进行操作练习，直至能熟练掌握本机割胶技术要领和基本割胶知识，经考核合格后，方能正式上岗作业。

4.3 电动割胶刀的使用

4.3.1 选择合适的导向器。

割胶前，若需要撕老胶线，可用手先撕掉老胶线再割胶，选择 G2 导向器割胶效果更佳；亦可不撕老胶线，直接割胶，选用 G1 导向器效果更佳。

4.3.2 评估老胶线厚度。

割胶时，若不提前手撕老胶线，由于不同橡胶品系和不同割胶月份，割线上老胶线厚度可能不同，需由胶工提前评估大多数老胶线厚度，并提前通过上下调节导向器来调整耗皮厚度。在割胶过程中，若发现个别橡胶树老胶线过厚，无法正常行刀，需提前用手撕掉过厚老胶线。

4.3.3 开割线。

使用本机割胶前，可根据割胶要求，开水线和规划割面并开割线。

4.3.4 阴阳刀割胶。

本机适用于阴阳刀割胶，可采用拉割和推割方式。采用拉割方式割胶时，导向器正装，即安装于刀片后面；采用推割方式割胶时，导向器反装，即安装于刀片前面。

4.3.5 注意事项。

（1）当电机动力明显感觉不足，或有卡机现象时，应停止使用，并更换电池。如果机械故障或电机不能正常工作，可断开电源，临时采用人力拉割或推割方式，继续割胶。

（2）应避免在下雨天用本机进行割胶。若本机或和电池受潮或被水淋湿时，应立即停止使用，以免造成短路，发生不必要的危险。

（3）若本机使用过程中，电机振动不平稳、发出异样声音，刀头松动或晃动，应停止使用并检查。刀头松动，需重新按安装步骤进行调节并紧固螺栓。若电机故障，可断开电源，临时采用人力拉割方式继续割胶，并及时送到有维修资质的部门进行维修。

（4）未接受过本机应用技术培训的人，以及未成年人等禁止使用本机。

（5）本电动割胶刀配套电池为专用高能锂电池，严禁使用非本机配套电池和充电器，以免造成危险和机体元件损坏。

4.4 割胶操作

4.4.1 操作要领

采用本机割胶的技术要领同传统胶刀：手、脚、眼、身要配合协调，做到"稳、准、轻、快"，即拿刀稳，接刀准，行刀轻，割胶快，达到"三均匀"，即深度均匀，接刀均匀和切片厚薄、长短均匀；割胶操作切忌顿刀、漏刀、重刀、压刀和空刀。

4.4.2 阳刀高割线拉割操作技术要领

（1）操作要领。将导向器正向安装，使导向器置于刀片后面。用电动割胶刀右侧刀片割胶。按照"一推、二靠、三拉、四走"动作要领操作。一推，将电动割胶机前端置于橡胶树割线起始端，距离前水线 1.5cm 处，采用传统割胶方法推割至水线处；二靠，看好接刀位置，将导向器轻轻靠在树干及割线上，启动开关按钮；三拉，由割线起始部开始沿割线方向正常拉割，眼观树皮出皮是否正常；四走，割胶者以橡胶树为中心，顺势绕树干以正常交叉步后退行走，直至割完胶线。

（2）注意事项。拉割时，割胶深度与耗皮量厚度由导向器控制，适合新老胶工操作。拉割割胶过程中，注意"三个保持、五个放松"。即，保持导向器与未割面和树干时刻贴合，保持刀片与割线平行，保持刀刃与树干垂直；做到手握割胶机放松、双眼放松、双臂放松、腰部放松、腿部放松，顺势引刀即可。

4.4.3 阳刀高割线推割操作技术要领

（1）操作要领。使用电动割胶刀的右侧刀片割胶。方式一，将导向器反向安装，用割胶机切割刀片前端刀刃向前推割。在起刀位置，将切割刀片前端刀刃垂直树干，启动开关，前推切割到合适深度，立即转向 90°，沿割线向前推刀直至割完为止。推割过程中，做到"手、眼、身、脚"四配合。方式二，将导向器反向安装，用割胶机切割刀片前端刀刃向前推割。在距起刀位置 1.5cm 处，将切割刀片后端刀刃垂直树干，启动开关，后拉切割至水线处，再看好接刀位置，用切割刀片前端刀刃、沿割线向前推刀直至割完为止。推割过程中，做到"手、眼、身、脚"四配合。

（2）注意事项。方式一，将导向器正向安装进行推割，割胶深度与耗皮量厚度控制，需由胶工凭经验和技术自行掌握，否则易伤树。适合有经验和技术的熟练胶工操作。不建议新胶工使用推割方式，否则容易伤树。方式二，将导向器反向安装进行推割，割胶深度与耗皮量厚度由导向器控制，新老胶工均可使用。

4.4.4 阳刀低割线割胶

用电动割胶刀左侧刀片割胶，可采用拉割或推割方式割胶。参照"阳刀拉割或推割技术要领和注意事项"进行操作。

4.4.5 阴刀割胶

用电动割胶刀右侧刀片立刃进行推割。参照"阳刀推割操作技术要领和注意事项"进行操作。

4.4.6 新树开割

根据割面规划，确定好割线倾斜角度，利用切割刀片前端圆角刃（小圆杆）开好前后水线。采用向后拉割或向前推割，或拉割和推割配合割 2～4 刀，直至割出理想胶线为止。

4.4.7 每年第一刀开割

参照新树开割操作即可。

4.5 割胶效果要求

4.5.1 割胶深度

符合 NY/T 1088 良等及以上要求。

4.5.2 每刀耗皮量

不同割制下（阳刀割胶），d/3—0.110～0.130cm、d/4—0.131～0.150cm、d/5—0.151～0.170cm、d/6—0.171～0.190cm、d/7—0.191～0.210cm。

4.5.3 割面均匀度

符合 NY/T 1088 良等及以上要求。

4.5.4 起收刀整齐度

符合 NY/T 1088 良等及以上要求。

4.5.5 胶水清洁度

无树皮碎屑污染胶水。

4.5.6 树皮切片数

符合 NY/T 1088 优等要求。

4.5.7 割胶效率

符合 NY/T 1088 优等要求。

4.5.8 伤树率

参照 NY/T 1088 要求，要求特伤率≤3%、大伤率≤5%、小伤率≤8%。

4.6 电动割胶刀的使用安全

参照电动割胶刀使用说明书，使用前请详细阅读并能正确理解使用说明书。

4.7 电动割胶刀维护与维修

4.7.1 非专业维修人员禁止拆卸机体

本机内部为高精度配合部件，非专业维修人员，禁止私自拆卸本机机体，否则不易安装到位，易导致本机无法作业或降低机械性能，出现机械故障，请联系代理商或专业维修人员。经过技术培训的胶工，切割器刀片、导向器可根据需要自行调整、安装。

4.7.2 电动割胶刀日常维护

（1）当电动割胶刀的切割刀片出现磨损、不锋利时，需要对其进行修磨。在断开电源的情况下，拆下切割刀片，用"细油石＋水"轻磨刀片的斜坡面，直至锋利即可。切忌修磨刀片底面。必要时，请在水平方向180°调换左右刀片，继续使用另一面刀刃，或更换新刀片。未经过磨刀技术培训的新胶工，需要在专业胶工的指导下进行刀刃修磨，以免影响使用效果。刀片修磨示意图如附图 3-12 所示。

（2）原则上每天割胶后均要对电动割胶刀的切割刀片、导向器等进行清洁，去除树皮屑和胶线。

（3）必要时，请在专业人员的指导下，对传动部件加注适量润滑油，可提升电动割胶刀的运行效果和延长使用寿命。

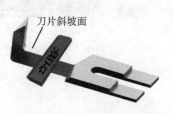

刀片斜坡面

附图 3-12 刀片修磨示意图

4.7.3　配件的更换

对配件（如电池和充电器），易损部件如，切割刀片、固定螺栓、导向器等，请购买专用、正品配件，并正确安装。仿冒或非本机专用配件，易导致安全和质量风险。

5　割胶效果

2017 年 7 月，推出第一代 4GXJ-1 型电动割胶刀，经过国内外用户 2 年的生产应用，进行全面升级，于 2019 年 10 月推出第二代 4GXJ-2 型，并通过第三方 CMA 检测认证。生产割胶效果如附图 3-13 所示。

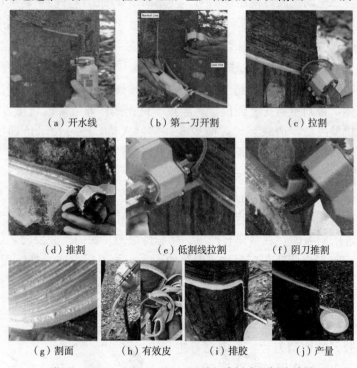

(a) 开水线　　(b) 第一刀开割　　(c) 拉割

(d) 推割　　(e) 低割线拉割　　(f) 阴刀推割

(g) 割面　　(h) 有效皮　　(i) 排胶　　(j) 产量

附图 3-13　4GXJ-2 型锂电无刷电动割胶刀割胶效果